梯级水库联合优化调度技术及应用

陈　辉　李　晖◎主编

中国三峡出版社

图书在版编目（CIP）数据

梯级水库联合优化调度技术及应用 / 陈辉，李晖主编 . 北京：中国三峡出版社，2024. 7. — ISBN 978-7-5206-0324-9

Ⅰ . TV697.1

中国国家版本馆 CIP 数据核字第 2024EA6947 号

责任编辑：李　东

中国三峡出版社出版发行
（北京市通州区粮市街 2 号院　101199）
电话：（010）59401514　59401529
http://media.ctg.com.cn

北京世纪恒宇印刷有限公司印刷　新华书店经销
2024 年 12 月第 1 版　2024 年 12 月第 1 次印刷
开本：787 毫米 ×1092 毫米　1/16 开　印张：5.5
字数：118 千字
ISBN 978-7-5206-0324-9　定价：68.00 元

编 委 会

主　　编：陈　辉　李　晖

副 主 编：鲍正风　李　鹏　徐　涛　郭　乐

编写人员：舒卫民　周晓倩　任玉峰　李琳琳

冯志州　唐　尧

前言

Preface

水能是一种可再生能源，是一种经济、清洁的能源。水力发电是利用天然水流的水能、水力资源来产生电能。人类首次利用水力发电大约在1880年。在水电站创建的前10年中，其装机容量一般都很小。例如，瑞典1882年建成的第一座水电站，只有3马力的装机容量；日本在1889年建成的第一座水电站也只有65马力的装机容量。在水电站发展的第二个10年中，装机容量开始有较大的增长。1892年，美国奈亚格拉水电站建成，安装了11台4000kW的水轮发电机；1895年，法国下罗纳河建成圣克来水电站，装机容量10.7万kW。在这之后的20年中，水电站规模迅速扩大，装机容量发展很快。美国的密西西比河从1913年至1930年，水电站装机容量从14.7万kW发展到965万kW，增加了65倍。

但是，水电站发展的前40年中，多数国家都处于单目标、单个电站孤立开发、独立管理的状态。唯有日本在20世纪的前30年中出现了按河流水系进行梯级开发的趋势，并取得了较好的成效，但当时并没有明确提出对河流进行梯级开发的概念。1933年，美国在田纳西河流域的开发方案中首次提出多目标梯级开发的主张，并加以实施。与此同时，苏联在1931年至1934年间完成了伏尔加河的梯级开发规划，并付诸实施。发达国家水电建设从20世纪70年代以后开始走向平稳发展时代。而拉美一些发展中国家则从20世纪60年代才开始进入水电建设高潮，梯级开发进展很快。巴西在1958年至1986年间，对巴拉那河及其支流进行了一连串梯级开发，共建成梯级电站17座，总库容179.22亿m^3，总装机容量达3958万kW。中国水电装机总量在1950年仅为

36 万 kW，20 世纪 80 年代以后，水电开发快速发展，逐步形成了金沙江、雅砻江、大渡河、乌江、长江上游、黄河中下游、湘西、怒江等 13 个大水电基地，规划的总装机容量超过 28 576 万 kW。由于各国开展了水库与水电站联合运行，实行资源优化配置，有序推进了水力资源的合理开发和利用。

随着流域梯级电站及水库群逐渐建成，梯级联合调度规模逐步扩大，以流域为单元开展梯级水库联合优化调度将成为主流，世界各国结合本国实际开展了不同程度的联合优化调度。如何持续提升联合优化调度核心能力，科学高效利用水资源，成为开展流域梯级水库群管理工作的重中之重。

目录

Contents

第1章 概述

在河流的开发治理中，为了从全流域的角度研究防灾和兴利的双重目的，需要在河流干支流上建造一系列的水电站和水库，形成在一定程度上能互相协作、共同调节径流，满足流域中各部门的多种需要的水电站和水库。在同一流域一群协同工作的水库整体即称为水库群。

水库群具有两个基本特征：一是共同性，即共同调节径流，并共同为一些开发目标（如发电、防洪、灌溉等）服务；二是联系性，组成水库群的各水库间，常常存在着一定的水文、水力和水利上的相互联系，例如，干支流水文情势具有一定的相似性（常称同步性），上下游水量水力因素的连续性（水力联系），以及为共同的水利目标服务所形成的相互协作补偿关系（水利联系）。

1.1 梯级水库的类型

根据各水库在流域中的相对位置和水力联系，水库群类型可以分为三类：串联水库群、并联水库群和混联水库群。

1.1.1 串联水库群

串联水库群，也称为梯级水库群，是指布置在同一条河流上下游的多个水库，各水库之间有直接的水力联系，如图 1–1 中所示的 A 水库、B 水库、C 水库。

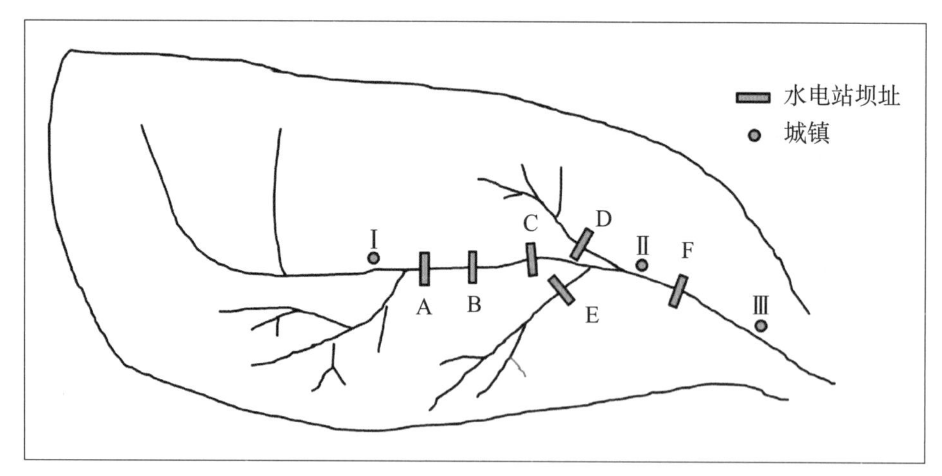

图 1-1　流域水库与水电站串联、并联、混联水库示意图

在世界范围内，有众多典型的串联水库群案例，例如，美国东部田纳西干流梯级水库群共 7 级，总库容 32 亿 m^3，见图 1–2；美国和加拿大共同开发管理的哥伦比亚河干流梯级水库（水电站）共 14 级，见图 1–3。

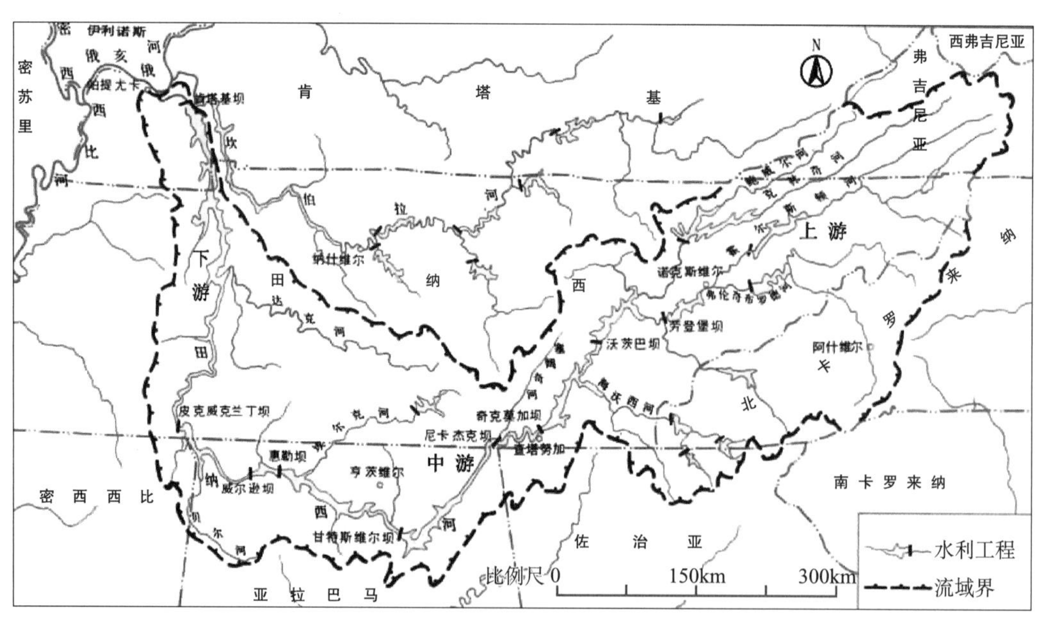

图 1-2　美国田纳西流域水库示意图

图 1-3 美国和加拿大哥伦比亚流域水库大坝示意图

1.1.2 并联水库群

并联水库群，是指位于相邻的几条干支流上的水库，各水库之间有着各自的集水面积，没有直接的水力联系，但可能承担着共同的防洪、灌溉或发电等任务，当共同服务于同一任务目标时，有水利上的联系，如图 1–1 所示中 C 水库、D 水库、E 水库。

并联水库群典型案例，南美洲第二大河流巴拉那河水系发达，支流众多，水能资源开发程度较高，其在巴西境内 5 大支流，巴拉那伊巴河、格兰德河、铁特河、巴拉那帕内马河和伊瓜苏河等，其总的水能蕴藏量达 3000 万 kW，5 条支流已建成或在建的并联大型水库有十几座，中型水库数量更多，水库调节性能强，共同承担综合调度任务，电站群总装机容量超过 400 万 kW。中国长江流域，三峡集团所属的 11 座水电站（长江干流乌东德、白鹤滩、溪洛渡、向家坝、三峡、葛洲坝以及清江水布垭、隔河岩、高坝洲等），其中，长江干流 6 座水库防洪库容近 376 亿 m^3，约占长江上游总防洪库容的 75%，见图 1–4。

图 1-4　中国三峡集团梯级水电站水库示意图

1.1.3　混联水库群

混联水库群，是串联和并联混合的水库群，如图 1-1 中 A 水库、B 水库、C 水库、D 水库、E 水库、F 水库。相对于单一水电站或水库，梯级水电站水库群所控制的流域面积涉及范围更广，调节库容、机组容量增加，可发挥的作用更大。单一水库因调节性能有限和综合用水需求，往往难以发挥其应有效益。通过水库群联合运用，可以使流域整体综合效益得到更好的发挥。

具有综合效益的大型流域水库群通常为混联式水库群模式，例如俄罗斯叶尼塞河，干支流共建 30 座梯级水库，总库容达到 4400 亿 m^3 以上，梯级电站群总装机容量达 4900 万 kW；中国长江流域水系发达，有雅砻江、大渡河、乌江、岷江、嘉陵江等主要支流，流域水能资源理论蕴藏量超 30 万 MW，技术可开发装机容量 28 万 MW，当前，已建成混联式大型水库 300 余座，总调节库容 1500 余亿 m^3，防洪库容约 800 亿 m^3。

1.2　梯级水库的特点

梯级水库的特点主要表现在四个方面：

（1）径流和水力上的联系。梯级水库群径流和水力上的联系将影响到下游水库的入库流量和上游水库的落差等，使梯级各水库在参数（如正常蓄水位、死水位、装机容量、溢洪道尺寸等）选择和控制运用时，均有极为密切的相互联系。

（2）水利和经济上的联系。一个地区的水利开发与建设任务，不是单一水库所能完全解决的。例如，河道下游的防洪要求、大面积的灌溉用水，以及大电力网的电力供应等，需要由同一地区的各水库来共同解决，或共同解决带来的效果更好，这就使组成梯级水库群的各库间在水利和经济上具有了一定联系。

（3）库容大小和调节程度上的不同。库容大、调节程度高的水库可以帮助调节性能相对较差的水库，发挥“库容补偿”调节的作用，提高总的开发效果或保证供水量。

（4）水文情况的差别。由于各水库所处的河流在径流年内和年际变化的特性上可能存在的差别，在相互联合时，就可能提高总的保证供水量或保证出力，起到“水文补偿”的作用。

1.3 梯级电站的运行特点

天然河道蕴藏着巨大的能量，因此，水库的修建不仅可以储存水量，还兼有利用水能的作用，也就是水力发电。与单个电站的运行相比，梯级电站群的运行具有以下特点：

（1）发电水量的联系。下游梯级电站发电水量即为上游梯级电站的下泄水量，或主要取决于上游电站的下泄水量。因此，下游电站的发电量受上游电站发电量的影响明显。此外，在汛期，若在准确预报洪水的基础上，实行上下游电站的联合调度，做到汛前适当提前降低水位，增加调节库容拦蓄小洪水；汛末及时蓄水，增大枯水期发电水量。

（2）发电水头的联系。梯级电站间还存在水头的联系，下游水库若水位过高，则抬高了上游电站尾水位，降低上游水库发电水头，减少发电量；下游水库若水位过低，则自身发电水头亦可能偏低，导致发电收益减少。

（3）调频、调峰的联系。梯级电站群往往为同一电力主网供电，且大多承担系统的调频、调峰任务，梯级电站群可以通过联合调度，合理分配旋转备用，减少弃水量。同时还可增大系统的调峰容量，提高电网运行的安全稳定性。

（4）调度运行方式多变。由于受水文条件的影响，河流的流量和水头不断发生变化，造成水电站的水库调度方式的多变性。流域梯级水电站群中每一个水电站的运行方式都将对站群内其他电站产生影响，使梯级电站群的调度更加复杂。流域梯级电站群联合开展防洪、蓄水、消落、发电、排沙和其他用水调度，流域内水电站的蓄放次序关系着流域整体综合效益的发挥。

第 2 章 梯级水库联合调度目标

1）梯级水库联合调度

梯级水库联合调度指流域内一群相互间具有联系的梯级水库和水电站以及相关工程设施进行统一的协调调度，通过优化调度满足流域内各利益相关方对水资源利用的多目标需求。按调度目标可分为减灾调度和兴利调度。

减灾调度的基本任务是在确保工程安全的前提下，对兴利的库容进行合理安排，充分发挥梯级水库的综合利用效益，一般包括抗旱补水和其他应急调度。例如，韩国 2015 年出现了极端干旱天气，通过让 9 座水库额外预留一定的库容，使得用水需求量得以保证；我国在 2014 年为应对长江口咸潮入侵情势，三峡水库加大下泄流量，持续为下游补水，为改善长江口咸潮入侵情势做出了积极贡献。

兴利调度一般包括发电调度，航运、灌溉调度以及满足工业、城市供水对水库运用要求的调度等，其主要任务是利用水库的蓄水调节能力，重新分配河流的天然来水，使之符合利益相关方的用水需求和电力系统要求。

2）梯级水库联合调度目标

梯级水库联合调度目标为，通过拓扑学等数学手段，充分考虑上下游梯级水库间具有的紧密的水力、电力联系，全面实现流域内的水文补偿、库容补偿和电力补偿等联合统一调度。通过系统优化和跨地区、跨行业协调，充分发挥梯级电站群拥有的巨大调节作用和梯级补偿效益，提高水能资源利用效率，改善水电输出质量，增强电网调峰、调频和事故备用等安全运行能力。统筹考虑兴利与减灾，在保障生活、生产和生态用水安全的同时，削弱流域内的洪水威胁，改善航运条件，维持河流健康和保护生态环境，促进流域可持续协调发展。

2.1 实现科学减灾的重要手段

梯级水库联合调度有利于流域和各梯级电站的安全防洪度汛。根据流域的水文特点，流域降雨在时间和地区分布上存在着差异，利用流域各梯级水库调节性能，充分发挥控制性水库、大型水库的调节优势，通过水库之间的削峰、错峰的办法，提高流域梯级整体的防洪能力。另外，全流域洪水预报和局部流域的洪水预报成果，不仅可以为各梯级水电站的防洪度汛提供可靠的信息，而且有利于防洪调度方案的快速决策。例如，美国田纳西流域管理局建有 54 座水库，其中，田纳西河干支流上已建成具有防洪库容的水库 35 座，总防洪库容约 145 亿 m^3，形成了统一有效的水库防洪调度系统，流域防洪标准达到百年一遇，全流域每年平均防洪减灾效益约 1.4 亿美元。根据长江流域第一次全国水利普查成果统计，长江流域内已建成大、中、小型供水水库 5.16 万座，总库容 3607 亿 m^3，防洪库容 766 亿 m^3，重要大型防洪水库总防洪库容达 627 亿 m^3，承担着长江中下游及沿岸城市的防洪任务。2016 年汛期，通过联合长江上中游 30 余座大型水库科学调度，共拦蓄洪水 227 亿 m^3，有效减轻了长江中下游的防洪压力。长江上中游水库群联合调度水库示意图见图 2-1。

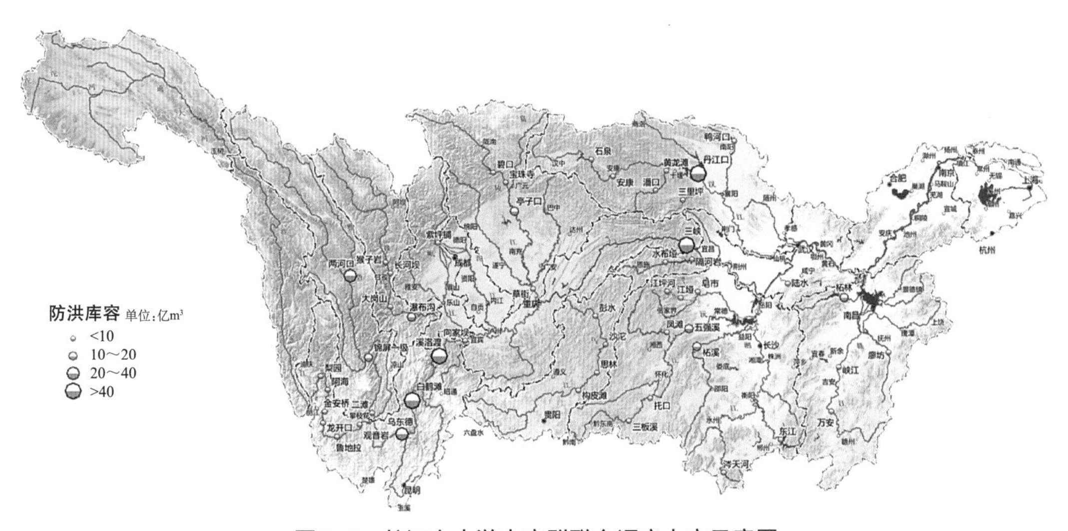

图 2-1　长江上中游水库群联合调度水库示意图

2.2 梯级水库联合调度的兴利作用

2.2.1 实现发电效益最大化目标

梯级电站间具有紧密的水力联系和电力联系，各电站发电效益受上下游电站的影响较大，下游电站的调度用水及发电水头直接受到上游电站的制约，同时，下游电站的回水又直接影响上游电站的发电水头。若各梯级电站单独运行，一方面使得梯级整体水能利用率较低，另一方面将导致水库弃水，造成大量弃水电量。因此，通过梯级电站联合调度，进一步优化水库和机组的运行方式，从流域整体水能利用率最大化角度出发，合理分配各梯级电站负荷，实现发电量和经济效益的最优化。

喀麦隆水能资源丰富，水电可开发总量达到2000万kW，其中50%分布于萨纳加河（Sanaga River）。自隆潘卡尔（Lom Pangar ）水库蓄水以来，萨纳加河流域梯级水库和水电站的综合优化运行取得了显著的经济效益。在2018年，对萨纳加河水库开展优化蓄水调度，确保了4个水库蓄满。枯水期间保证了松鲁鲁（Song loulou）和埃代阿（Edéa）水电站上游的最小流量为1062m^3/s。此外，4个水库的蓄水量也保证了松鲁鲁和埃代阿水电站的平均可用库容为594MW，发电量约为32.5亿kW·h，节省大约40亿法郎的燃煤费用。

在中国大渡河流域，通过梯级电站联合优化调度，使其获得显著的经济效益，全梯级多年平均年发电量可由单独调度运行的1053亿kW·h提高到1123亿kW·h，增长6.6%，保证出力由479万kW增长到1083万kW，增加126%。其中，枯水期电量由195亿kW·h增加到413亿kW·h，增加112%。大渡河干流梯级电站实施联合优化调度后，一年可增发电量70亿kW·h，相当于少燃烧约210万t标准煤，减少了污染排放。

2.2.2 实现流域水资源高效利用目标

流域梯级水库群联合优化调度可使调节性能较强的上游控制性水库的作用得到更加充分的发挥，在统筹考虑流域梯级各电站防洪和发电的情况下，提高梯级水库水资源利用率。供水方面，枯期可增加下泄流量，大大提高抗旱补水能力；航运方面，极大改善航道条件，使船舶安全性显著提高，提高了船舶的标准化和大型化，降低了运输成本；生态方面，可发挥泥沙调度、生态调度、抗旱应急调度等方面的生态效益，创建全流域的生态调度格局，促进人、水、库协调发展。

中国雅砻江下游锦屏一级水库，正常蓄水位库容为77.65亿m^3，调节库容49.1亿m^3，库容系数13%，具有年调节能力。作为流域干流河段梯级电站的控制性水库，该水库补偿效益十分显著。通过水库调节，可使坝址处设计年枯水期平均流量由367m^3/s提高到678m^3/s，提高了85%。

欧洲多瑙河开发任务主要是航运。为了改善多瑙河通航条件，多国在贝尔格莱德签订了关于多瑙河自由通航的国际协议。从此，开始了全河流的渠道化工程，在改善航运的同时开发水电，计划修建45级通航与发电的水利枢纽，总设计利用水头401m，总装机容量786.5万kW，年发电量438亿kW·h。原来有些河段坡陡流急，水浅弯多，无法通航，通过采取工程措施及水电站联合调度，大大改善了航运条件。

美国田纳西流域管理局对所管理的水利水电工程调度方案进行了全面的回顾与研究，建立了以下游河道最小流量和溶解氧标准为指标的评价体系，并对所辖的20个水利水电工程调度运行方案进行了优化调整，有效地改善了田纳西流域水生生态环境状况。

第3章 梯级水库联合调度关键技术

3.1 水雨情测报技术

水雨情测报技术是应用遥测、通信、计算机和网络等技术，完成水雨情信息的实时收集、传输和处理，通常由数据采集端、遥测站和数据接收端、中心站构成，又被称为水情遥测系统（以下简称遥测系统），具有以下特点：

（1）规模大。根据流域梯级调度的需要，遥测站点数量多，覆盖面积大。

（2）功能完备。除了最主要的水位、雨量信息外，现在的遥测系统还能完成流量实时测量、电站拦污栅压差测量、水库水层温度以及气象要素等许多参数的测量。

（3）数据可靠稳定。信道组网采用主、备信道方式，中心站采用主、备两套数据接收设备，以确保数据传输、接收的可靠和及时。

（4）自动化程度高。具备设备运行状态的监视、出现故障后的报警、自动修复和远程诊断维护等功能。

水雨情在线监测的数据采集手段主要依靠水位、雨量、气温、风速风向、水质、流量等传感器，传输手段主要有电话网、卫星、短波、超短波、计算机网络通信等形式。

遥测站首先通过传感器实时测量水文数据，这些实时数据被存储在遥测站的核心设备数据采集器（RTU）内，然后 RTU 控制通信设备将数据送至中心站，中心站负责接收和存储水文数据用于数据监测和成果预报。遥测站配备的自动采集和传输设备可连续采集和传输河流水位等水文要素的变化，这些自动仪器配有太阳能电池板和蓄电池组，在正常天气下，可以自行长时间工作，无需人工维护，即使遇到极端天气或地质灾害，在任一通信设备和 RTU 不受损的情况下，水文数据的采集和传输仍能正常进行。

流域水情自动测报系统主要包括流域水情自动测报系统、水调自动化系统建设、省调分中心接入等内容。该系统是一个复杂的信息系统工程，涉及水文、工情、机组、气象、调度指令等多种信息的数据采集，数据库的设计与建设、数据加工、存储、处理，计算机、网络、远程通信和大量的数据管理、图表制作、水务计算、洪水预报等各类应用。流域水雨情测报及水调自动化系统承担着流域水雨情信息收集、梯级电站运行管理和调度决策等工作，同时实现与省调的数据通信，并承担着与气象部门、水文部门、防汛部门及其他系统之间的数据通信。另外，系统工程所建设的应用软件（平台软件、基本应用软件）也比较齐全，系统的建成必将为梯级电站的调度决策提供充分的理论依据，产生巨大的社会效益和经济效益。

建设全流域的水情自动测报及优化调度系统，一方面使各梯级工程能够最大程度地利用水资源，发挥最大效益，同时又对防洪减灾起到预防作用。因此，在电站和全流域建设水雨情自动测报系统是十分必要的。目前，电力市场已经实施峰、谷和丰、枯分段电价。合理利用水资源，提高水能利用效益，改善电能质量，也必须掌握可靠的水情、雨情信息，以便采用灵活的调度和运行方式，有利于洪水调度和增加发电量。

水雨情自动测报系统建立后，不仅能进行水文信息的自动采集传输和处理，自动进行实时预报，为电站的优化调度提供正确的依据，而且便于管理人员及时掌握电站的运行情况，对提高工程管理水平起到很好的作用。根据流域水电站水情水调自动化系统确定的系统建设总目标，水雨情自动测报系统建设的目标是：应用先进的仪器设备和科技手段，实现流域区间的雨量、水位观测长期自记和固态存储技术，实现雨量、水位数据自动传输；整体掌握流域水雨情实时遥测数据。

水雨情遥测系统组网信道采用多信道冗余互备方式，充分利用现有先进通信手段，包括通信卫星系统、程控电话交换网（PSTN）、移动通信系统（GSM/GPRS/CDMA等）、超短波信道（VHF）和地面专用链路（SDH）等。采用两种互不相干的通信信道来组成通信组网，两个信道互为备份，并可随时指定某一信道为主信道。主信道被设计成可双向通信，遥测站通过主信道既可以上传数据，也可以接受指令。这种组网配置保证了系统能够在短时间内集齐所有水雨情遥测数据（包括水位、雨量、流量、气温、风速风向和遥测站工况数据等），并将收集到的数据传输至遥测系统的数据中心。图 3–1 为水雨情遥测信息系统通信组网拓扑结构图。

美国内务部地质调查局（USGS）负责美国基本水文站网的布设、水文测站水文要素的采集、数据的传输分发、存储和管理运行。全美的水文站网密度约为 18 站 / 万 km^2，现有水文站 10 240 处，河道水库湖泊水位站 2048 处。水文数据的传输手段主要有电话网、卫星、短波、超短波、计算机网络通信等形式，连续进行测验的测站数据可实时传输到地质调查局的水文数据库和数据使用单位。美国早在 20 世纪 80 年代初期就开始采用卫星传输水文数据，由于卫星通信具有可靠性高、便于遥测、遥控和实现自动化等特点，采用卫星通信的测站数逐年增加。目前，美国实时水文数据采用以卫星传输为主、其他方式为辅的水文数据传输数据的水文站已超过 60%。测站利用各种采集仪器（如水位计、雨量计）测量记录的实时水文数据，首先自动传输给测站配置的数据收集平台（DCP），DCP 将测站数据自动发送至位于太平洋或巴西上空属于国家海洋

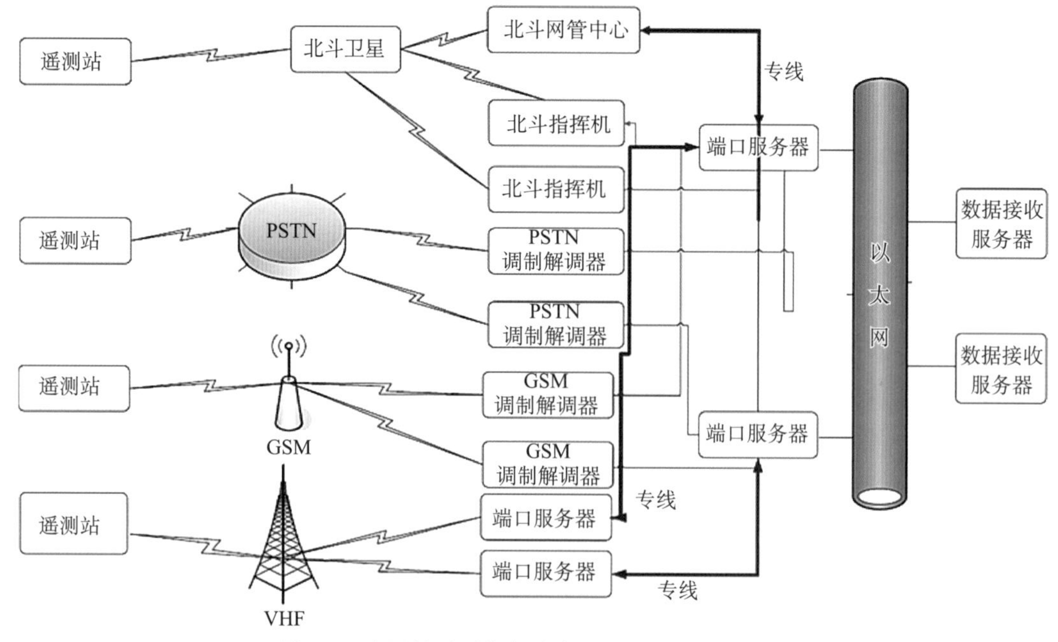

图 3-1 水雨情遥测信息系统通信组网拓扑结构图

大气局的两颗地球同步环境卫星，地球同步环境卫星将接收到水文数据再传送给国内民用卫星，这些民用卫星再将水文数据传送到内务部地质调查局并同时传送给其他用户。水文站配备的自动采集和自动传输设备可连续采集和自动传输河流水位等水文要素的变化，这些自动仪器配有太阳能电池组和蓄电池组，即使遇到大洪水和暴雨天气，在正常的电话通信和动力供电设备遭到破坏的情况下，水文要素的采集和传输仍能正常进行。

在中国，为保障梯级电站信息传输的准确、及时、可靠，三峡集团已建成世界水电企业规模最大、功能最全的水雨情测报系统，在 10min 内能实时收集 1500 多个水雨情站点、2 万个气象站点的信息，覆盖包括云南省、四川省、贵州省、湖北省和重庆市等在内的长江上游百万平方千米。同时，还通过水库信息共享平台，实时掌握长江上游流域关键水库的运行信息，实现了对长江上游水雨情的实时有效监测。该系统建成以来，运行一直稳定可靠，系统技术指标畅通率一直维持在 99% 以上，可用度维持在 98% 以上。

3.2 气象预报技术

气象预报不断地从定性预报、描述性预报向数字化、格点化预报发展。气象预报的要素包括晴雨、气温、降水、湿度、风速和风向等。在各种气象要素中，降水是影响水库调度和管理的最主要因素，因此，服务于流域水库和水库群调度的气象预报更侧重于降水的预报，其中最为关注的则是水库控制流域内的降水总量及降水时空分布情况。

3.2.1　流域降水预报分类

按预见期的长短，气象预报可分为短期降水预报、中期降水预报、延伸期预报和月、季长期降水趋势预测。

（1）短期降水预报。丰水期逐日滚动制作并发布金沙江中下游和长江上游 0 ～ 12h、0 ～ 24h 和 24 ～ 48h 网格化降水量预报。

（2）中期降水预报。丰水期逐日滚动制作并发布金沙江中下游和长江上游 0 ～ 24h、24 ～ 48h、48 ～ 72h、72 ～ 96h、96 ～ 120h、120 ～ 144h、144 ～ 168h 网格化降水量预报。

（3）延伸期降水过程预报和降水趋势预测。第 11 天至第 30 天的降水预报，延伸期降水预报侧重于两个方面：一是降水过程预报，主要包括预报时段内降水次数、降水出现时间段、降水强度和中心位置的大致描述。了解延伸期内降水过程，可以有助于水库调度工作人员更好把握一定时间内相对的来水丰枯，以便制定相应的调度策略。二是降水趋势预测，主要包括预报时段内降水总量的量级和分布的描述。

（4）月、季长期降水趋势预测。第 31 天至第 90 天的降水预测，主要是对降水偏离平均态的程度预测。

3.2.2　气象预报关键技术和方法

流域降水预报主要关注水库控制流域内的降水趋势。经过多年发展，逐渐形成了时间尺度覆盖从短时临近到短中期、延伸期、月、关键期（季）、年的无缝隙流域水库群降水预报预测技术。

3.2.2.1　短时临近定量降水预报技术

短时临近定量降水预报技术（QPF）是采用雷达、卫星、地面雨量站数据对未来 0 ～ 12h 的降水进行预报的一项技术。1954 年，Ligda 首先提出以雷达回波外推作为短时临近降水预报的基础，其后的二十多年中，随着计算性能的提升，出现了各种各样的外推方法。1980 年，临近预报业务系统开始建立，较有名的有英国气象局的“Nimrod”系统，其主要的创新性在于将雷达回波外推技术和数值模式降水预报产品相结合，延长了预报时效，是目前短时临近 QPF 的主要发展方向。随着数值模式的时空分辨率不断提高，基于雷达观测的短时临近预报与传统的数值预报结合更加紧密，目前中国的金沙江下游——三峡区间河段的气象业务系统短时临近预报就是基于雷达外推及模式融合等技术，利用长江流域雷达数据、自动观测站数据和 WRF 模式高分辨率快速同化预报系统（WH-HRRR）产品，研发出三峡库区 0 ～ 12h 短时临近精细化网格降水预报产品。

3.2.2.2 中短期降水预报方法

一般来说，准确判断大气运动不同阶段的环流和天气的演变趋势，是中短期天气预报的关键。随着计算机科学的发展，气象预报已逐步从主观预报转变为数值天气预报，且正逐步向精细化、智能化发展。例如，加拿大渥太华河流域管理决策支持系统，就是将全球数值模式进行订正后插值到 1° 的分辨率网格上面，基于插值结果以计算整个流域的平均值。挪威、瑞士均将欧洲中期天气预报中心（ECMWF）的全球模式结果插值后应用于降水预报。2006 年，伊朗的 RFS 模式对于 Karun 河和 Dez 河流域的预报结果分辨率得到提高，为其提供每 3h 的 15km × 15km 网格预报。巴西水电公司的气象预报主要有两种模式：一种是美国国家海洋和大气管理局（National Oceanic and Atmospheric Administration，NOAA）开发的 GEFS（Global Ensemble Forecast System）模式资料做 10d 以内的中短期预报；另一种就是 Eta 区域模式，主要用于短时临近天气预报。在中国的金沙江下游——三峡区间河段的气象业务系统中，目前正在使用的智能网格预报系统就利用了以下两种方法来做中短期的降水预报：一是建模法，即利用欧洲、NCEP、GRAPES-GFS 等大尺度模式和中尺度模式（wrf-9km、GRAPES-MESO）的原始数据，将各个模式不同分辨率的资料双线性插值到统一的 5km × 5km 细网格上，生成中短期（0 ～ 10d）客观精细化降水网格预报产品；二是多模式集成，研发了基于多因子精细分区预报最优集成方法（Multifactorial Optimal-integration Forecast Approach in fine-Region，MOFAR），这种方法就是对多家数值预报模式降水产品进行动态检验，首先建立各区的分级、分时效降水预报性能排序，其次将预报员经验量化，最后提供最优的降水预报产品。

目前，对于降雨预报的应用主要是基于传统的“单一”降雨数值预报，其不确定性较大，精度相对较差，可能导致调度出现较大偏差，而降雨集合预报能够较全面地描述未来多种天气形势，应用于水文预报和调度，能够生成多种可能的预报方案，为用户提供更多的参考信息，因此，将降雨集合预报信息应用于径流预报和调度中，可为决策者提供更多未来可能发生的情景。随着计算机科学的发展，美国国家环境预报中心（National Centers for Environmental Prediction，NCEP）和欧洲中期天气预报中心（European Centre for Medium-Range Weather Forecasts，ECMWF）分别建立了全球集合预报系统。后来，加拿大气象中心（Canadian Meteorological Center，CMC）的集合预报业务于 1998 年建立，中国国家气象中心从 1996 年起，开展了集合预报的试验性运行和应用。它们是目前最具代表性的全球集合预报系统。集合预报能够提供包含多种不确定性的径流集合预报，但是面对径流集合预报中所包含的多种发生情景，调度决策者很难选择其中之一做出决策，所以选择集合预报的利用方式，是未来水库调度精度提高研究的重要方向之一。目前，中国金沙江下游——三峡区间河段的气象系统基于 EC 集合预报 51 个成员产品，检验了集合预报统计量产品（如集合平均、分位数和 Mode 值）在长江流域的预报性能，并与确定性预报进行对比分析，建立了不同降水量级的优势统计量融合方案，是将降水集合预报应用于水库调度生产的一大案例。

3.2.2.3　延伸期降水趋势预测方法

在目前的天气气候预报业务中，10 ~ 30d 的延伸期预报是“无缝隙预报”中的难点。其预报困难的原因在于其预报时效超越了确定性预报的理论上限（ 2 周左右），而预报对象的时间尺度又小于气候预测的月、季时间尺度。然而，恰恰是这一时间段的预报，对于开展防灾减灾工作，强化极端气候灾害风险防范措施，促进经济社会可持续发展具有极其重要的价值和意义。

现在气象行业的延伸期预报主要有三大类方法。

第一大类直接增加气象预报模式的积分长度来开展延伸期预报，以及对动力模式产品的解释应用。例如，美国国家环境预报中心的 CFS（Climate Forecast System）模式；欧洲中期天气预报中心（European Centre for Medium-Range Weather Forecasts，ECMWF）；中国气象局国家气候中心的 DERF（Dynamic Extended Range Forecast）模式。在此类方法中，都是对模式的输出结果直接做应用。另外，近十多年来，资料同化技术和模式的性能都有了很大的提高，集合预报技术得到了广泛应用，这也为提高延伸期预报技巧提供了有利条件。用集合预报的方法，把数值模式中不可避免的不确定因素变成预报的一部分。集合预报可以估计预报误差的分布和预报的可信度，以逐步提高预测的稳定性。欧洲中期天气预报中心（ European Centre for Medium-range Weather Forecasts，ECMWF）在这方面的工作全球领先，预报时效已达到 15d 左右。

第二大类延伸期预报方法是物理分析统计法。利用大气低频信号资料，获取大气低频信号的周期、振荡幅度等，再利用这些低频信号外推来开展延伸期预报，具有代表性的方法有低频天气图方法、低频周期外推法、前期气候特征相似波动外推法、中低纬度低频季内振荡相似外推法等。

第三大类方法是大数据预测法。采用数据分解、扩展和变换等技术，从具有高度数据相关性和多重数据属性的科学大数据中提取出部分有效数据，这样可以获得比过去抽样分析更全面的中纬度大气低频变化信息，为极端天气事件 10 ~ 30d 延伸期预报提供了更好的发展基础，具有广阔的应用前景。

3.2.2.4 月季降水趋势预测方法

气候预测的信号来源有外强迫（主要有太阳和火山活动、温室气体和气溶胶、土地利用变化等）、耦合强迫（主要有海洋大气耦合相互作用、陆面大气耦合相互作用等）以及大气自身内部变率。

不同时间尺度的气候预测考虑的预测信号重点也不一样，例如，外强迫因子主要对季节以上尺度有一定作用，对季节以下尺度的预测一般不作为重要因子考虑；耦合强迫是气候系统的内部变率之一，海洋——大气耦合里厄尔尼诺和南方涛动（ENSO）现象是年际变率的主要模态，通过全球遥相关影响各地的气候，是气候预测的强信号；陆面——大气耦合里涉及的陆面因素有土壤湿度、雪盖、植被、地下水位变化、陆地热容量、海冰等，均会对不同时间尺度的气候产生影响。月季降水趋势预测技术主要有物理统计相结合和耦合全球环流模式的方法。

物理统计方法是基于大量历史观测数据，利用数学和物理规律，诊断全球海洋、海冰、陆面过程等对大气环流的影响，找到气候系统的可预报性，通过统计方法建立降水与以上因子之间的关系。常用的统计方法有回归模型、相关分析、聚类分析、神经网络模型等。影响我国气候异常的主要耦合强迫有厄尔尼诺——南方涛动（ENSO）事件、印度洋、北大西洋海温异常、北极海冰、欧亚积雪异常等。

气候模式预测是通过建立物理模型来量化气候系统，利用气候模式开展气候预测研究是一项投入高、难度大的基础性系统性工程，国际上只有美国、欧洲、日本、澳大利亚、韩国等少数国家开展气候模式预测工作。常用的次季节（延伸期—月）模式有中国气象局的 S2Sv2 模式，欧洲中期天气预报中心的 IFS 模式，美国环境预报中心的 CFSv2 模式，英国气象局的 GloSea5 模式，日本气象厅的 GEPS 模式等。季节—年际尺度预测模式有中国气象局的 CMA-CPSv3 模式，欧洲中期天气预报中心的 SEAS5 模式，美国环境预报中心的 CFSv2 模式，英国气象局的 GloSea5，日本气象厅的 MRI-GPS3 模式等。

通常，预报员在分析气候系统监测事实和大气内外诸多指标基本特征及变化规律的基础上，分析大气未来运动平均状态及可能偏离基本状态程度，结合气候模式预测能力的检验，采用动力统计相结合的处理方法，给出修正建议和结论。

3.2.2.5 气象预报技术展望

随着科技的进步和大数据时代的到来，气象预报技术迎来了更多的发展机遇。未来，气象预报将向更加精准、快速、智能化方向发展，且随着高性能计算、观测系统和气象理论科学的持续发展，未来的天气预报发展方向包括但不限于以下几种模式。

1）大气—陆地—海洋—海冰的地球系统模式

随着技术发展，时间空间分辨率越来越高，未来甚至可以实现全球 km 级数值天气预报，未来天气预报将以天气—气候一体化模式为主。虽然这些发展方向前景广阔，但仍存在着诸多挑战，包括物理过程参数化、云辐射过程、集合方法以及各种气象理论的突破。

2）人工智能在气象预报中的应用

一方面，随着各类气象观测数据的实况分辨率增加，气象行业数据量呈现大幅增长的趋势，大数据分析将在气象预报中发挥越来越重要的作用。通过对海量观测数据的挖掘和分析，发现隐藏在数据中的规律和特征，为预报提供更加准确的依据。

另一方面，人工智能方法（artificial intelligence，AI）也将广泛应用于气象预报。目前，气象预报主要依赖于数值天气预报模型，但是随着算力增长的趋缓和物理模型的逐渐复杂化，传统数值预报的瓶颈日益突出。最近，华为云盘古气象大模型登顶，作为全球首个精度超过传统数值预报方法的 AI 预测模型，向人们展示了人工智能在天气预报方面的巨大潜力，但目前的气象大模型均依赖于传统物理模型生成的数据集和初始场才取得了比数值预报更高的预报准确率。AI 模型最显著的优势即为运行效率高，因此，数值天气预报模式与人工智能技术相结合是天气预报未来发展的突破口，即除了构建纯数据驱动的 AI 气象模型外，也可使用 AI 组件替代动力数值模式中的耗时参数化方案，从效率、准确性等方面全方位升级数值模式。这种智能数值模式本身维持了原模式的动力框架，具备可解释性。此外，还可发挥 AI 模型高度非线性的优势，从现阶段积累的海量多模态气象资料样本中汲取经验，进一步提升数值模式的预报技巧。如构建 AI 资料同化方法，研发 AI 偏差订正与降尺度模块，发展融合 AI 模型与动力模式的集合预报系统等。天气预报中完全通过数据驱动的机器学习方法，短时间内不会取代由物理原理构建的数值模式，但却是对数值模式的有力补充，所以随着天气预报理论的不断进步和数据的不断积累，相信人工智能将在气象预报中发挥越来越重要的作用。

3.3　水文预报技术

水文预报是据已知的信息对未来一定时期内的水文状态作出定性或定量的预测。水文预报技术以水文基本规律、水文模型研究为基础，结合生产实际问题的需要，构成具体的预报方法或预报方案，服务于生产实际。水文预报技术在防汛、抗旱、水库调度等领域都有广泛的应用。

3.3.1 水文预报分类

水文预测按其预测的对象可分为径流预测、冰情预测、沙情预测和水质预测。径流预测又可分为洪水预测和枯水预测两种，预测的要素主要是水位和流量。水位预测指的是水位高程及其出现的时间的预测；流量预测则是流量的大小、涨落时间及其过程的预测。冰情预测是利用影响河流冰情的前期气象因子，预报流凌开始、封冻与开冻日期，冰厚、冰坝及凌汛最高水位等。沙情预测则是根据河流的水沙相关关系，结合流域下垫面因素，预报年、月和一次洪水的含沙量及其过程。

水文预报是流域梯级水库群联合优化调度的关键技术之一，根据预报项目，主要分为：流域或区域性洪水与旱情预测；河道、水库、湖泊等水体冰情预测；积雪、冰川的融雪径流预报（如挪威和瑞士高纬度国家的水库水文预报）；水温、泥沙、化学物质等预报（如法国阿里埃日梯级水库和三峡梯级水库水文预报），以及所有水库调度必然进行的入库流量过程预报、水库水位预报。在流域梯级水库群水文预报时，水文预报一般按预见期进行分类，可分为短期水文预报和中长期水文预报。

（1）短期水文预报。主要由水文要素作出的预报，预见期一般为数小时至数天，包括降雨径流预报和河段洪水预报。各个国家水库调度规则不同，因此对短期水文预报的定义也不同，如在巴西互联电力系统水库调度中，短期预报为一周内的降雨径流预报；法国阿里埃日梯级水资源管理中，短期预报为未来 24 h 的洪水或枯水预报。

（2）中长期水文预报。通常泛指预见期超过流域最大汇流时间的水文预报，如旬、月、年径流预报，旱涝趋势预报，主要采用成因分析与数理统计法。根据预见期的长短不同，可分为中期预报（3 ～ 15d）、长期预报（15d ～ 1 年）、超长期预报（1 年以上）。预见期长度随水库调度的要求不同而变化，如法国阿里埃日梯级水资源管理中最长的预见期为未来几周 40 个水库的入库流量，但大多数水库需要制定年度以上的发电计划或预测未来发电趋势，因此需要预测一年以上的径流或者预测未来径流变化趋势。例如，在巴西，长期水文预报未来一个月到五年的径流范围；马来西亚则根据模拟不同气候背景下，预报未来几十年的径流趋势。

3.3.2 流域水文预报关键技术和方法

根据在预报方法中对数据分布的具体形式所做的假定不同，现有的水文预报方法大致可以分为参数方法和非参数方法。若预报中所假定的总体分布的数学形式已知，而只包含有限个未知的实参数，则这个问题是参数性的，否则就是非参数性的。传统概念模型、水动力学模型和数理统计模型大多属于参数模型，最近发展起来的基于混沌理论的相空间预测方法和从传统回归模型中发展起来的非参数回归方法属于非参数方法。水文预报方法分类见图 3–2。

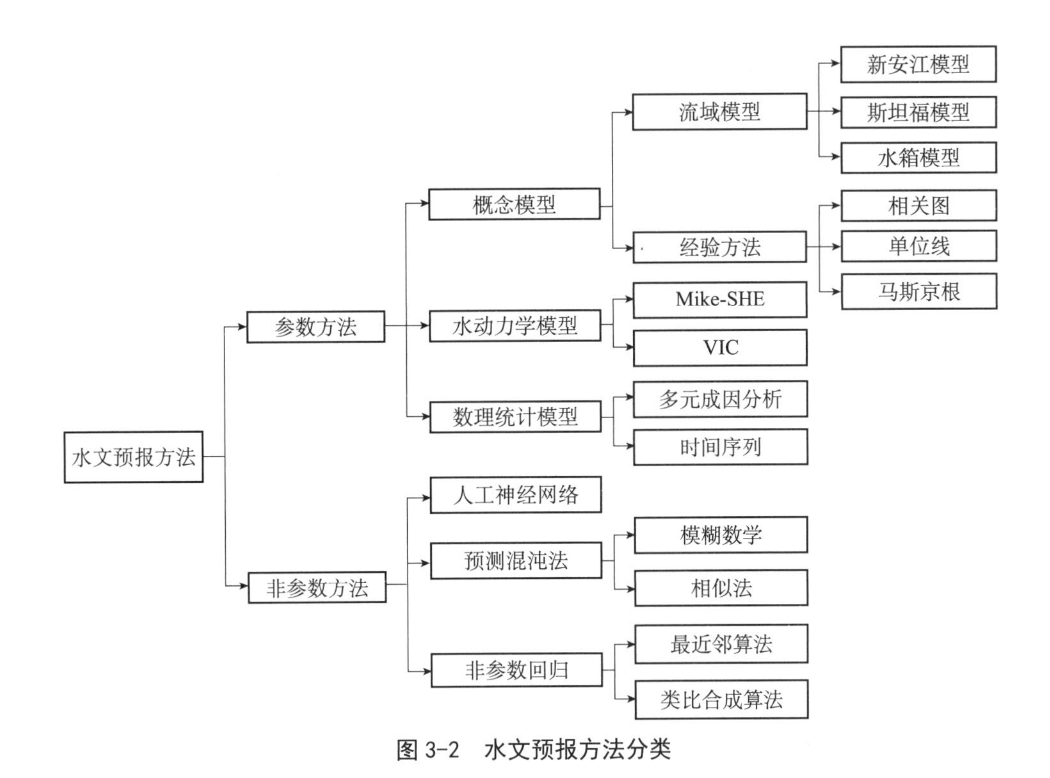

图 3-2　水文预报方法分类

3.3.2.1　短期水文预报技术

1）基于相关图法的实用水文预报方案

常见的基于相关图法的实用水文预报方案，包括考虑前期降雨量的降雨径流经验相关法（API 模型）、上下游相应水位（流量）法、合成流量法、多要素合轴相关法和降雨径流法等。相关图法的优点是以图表形式汇编，计算简单，操作方便，运用灵活，能够随时根据实际发生的情况进行修订，并且对实测范围内的统计关系不会出现异常或悖论。如喀麦隆利用 Excel 等工具，对上游各湖的径流规律进行分析，从而对水库入库流量进行预测，并根据过去三年的历史径流资料进行修正。缺点是没有考虑各影响因子的内部关系，也无法考虑下垫面等条件变化，且不能保证相关关系延长区段的可靠性。

2）流域水文模型

水文预报模型方法的特点是模拟水文系统的内在关系，试图从根本上解决水文现象的作用机理与规律的一门科学，比基于相关图法的实用水文预报方案有了很大的进步。

（1）传统集总式概念水文模型

传统集总式概念水文模型是指其模型具有一定的物理意义，但并不是完全根据降雨产汇流物理过程来建立的动力方程，将降雨径流过程进行了简化，因此许多参数是经验参数，不能直接获取，并且将参数进行了均一化处理。新安江模型是由中国河海大学赵人俊教授团队 1973 年研究提出的，适合湿润和半湿润地区的流域水文模型，是中国水文模型研究的代表成果，该模型在中国得到广泛应用和不断完善，并于 1980 开始向国外推广。而在加拿大渥太华河流域，水文预报广泛使用 HSAMI 模型，该模型是在魁北克水电开发的（Bisson 和 Roberge，1983 年），是一个全流域概念模型，因此对数据输入要求较低，计算时间较短，只需输入每日最低和最高温度、降雨量和降雪。

（2）现代分布式物理水文模型

强物理机制分布式水文模型是根据物理学的原理和流域特性，推导出相互关联的描述降雨产流、饱和非饱和带水流运动以及产输沙过程的数学方程组，并且它能体现参数的非均匀化，即能很好地描述参数的时空变化特征，如 VIC、SHE、SWAT、HBV 等。

分布式水文模型在水资源管理应用广泛，如 SWAT 模型在美国农业部应用于水资源管理和预估环境污染，目前，在水库调度中也逐渐被应用。瑞典水利气象研究中心开发了用于河流流量预测和河流污染物传播的 HBV（Hydrokogiska Byrans avdeling for Vattenbalans）模型，该模型在北欧地区被广泛应用于水电站径流预报，在挪威被认为是水电利用中最重要的降水径流模型。该模型于 20 世纪 70 年代开发，主要用于河流流量预测和河流污染物传播，HBV 模型为半分布式的概念模型，该模型包括气象插值、积雪累积融化、蒸发量估算、土壤水分计算、径流产生等子程序。在 HBV 模型率定方面，挪威水文部门基于大量模型率定经验形成了《HBV 模型率定指南》。瑞士研发了一个名为 RS 3.0 的半分布概念模型，该模型基于专为高山集水区开发的 GSM-SOCONT，分为有冰川和无冰川区域，并且集成水库、发电等结构，已成功应用数年。

3.3.2.2 中长期水文预报技术

中长期水文预测是根据前期和现实的水文、气象等信息，运用天气学、数理统计、宇宙－地球物理分析方法，对未来较长时间内水文情势做出定性或定量预测。通常泛指预见期 3 天以上，1 年以内的水文预测，对径流预测而言，预见期超过流域最大汇流时间的即为中长期水文预测。

中长期水文预测方法可分为传统方法和新方法两大类。前者主要有成因分析方法和水文统计方法，后者主要包括灰色系统分析、人工神经网络、小波分析、投影寻踪、模糊分析、混沌分析、粗集理论、支持向量机、组合预测等方法。水文统计方法又可分为两大类：一类是时间序列预测方法，如历史演变法、自回归分析法、周期分析法和平稳时间序列法等；另一类是回归分析方法，如多元回归分析、逐步回归分析、聚类分析等。

河川径流主要来源于降水，成因分析方法通过研究分析与水文要素中长期变化规律紧密相关的大气环流、太阳活动、地球自转速度等因素的变化规律，获得降水的变化规律，从而得到水文要素的中长期演变规律。根据影响因素的程度可分为大气因子分析方法和非大气因子分析方法。大气因子分析方法以天气学和水文学为基础，通过探求大气因子与待预测水文要素的因果关系进行预报；非大气因子分析方法通过分析太阳活动、日月运行、星际运动、地球转动等大气圈以外的影响因子长期变化引起的水文要素变化规律进行水文预测。

水文统计方法是水文中长期预测中应用比较广泛的一种方法，它从大量历史水文资料中寻找已经出现过的预测对象和预测因子之间的统计规律和关系或水文要素自身历史变化的统计规律，建立预测模式进行预测。根据选择因子不同，可分为单要素预测法和多要素预测法。单要素预测法是通过分析预测对象自身随时间变化的规律作为预测的依据，常用的有历史演变法、自回归分析法、周期分析法和平稳时间序列法等；多要素预测法是从分析影响预测对象的因子中挑选出关键因子作为预测因子，建立起统计规律作为预测的依据，常用的有多元回归分析、逐步回归分析、聚类分析、自然正交分解、主成分分析等方法。

（1）水文统计法

水文统计法是应用数理统计理论和方法，从大量历史水文资料中寻找预报对象和预报因子之间的统计关系，或水文要素自身历史变化的统计规律，建立预报模型进行预报。如在挪威，中长期预报通常与融雪径流有关，这是水文系统中融雪影响中长期预报的一种情形，另一种是与融雪无关的长期小流量情形，这种情形下初始地下水状况将对河道流量起到控制作用。针对以上两种情形，挪威预报部门对中长期预报采用降水径流模型或回归模型进行计算。

（2）成因分析法

河川径流主要来源于大气降水，与大气环流有密切关系。近代的研究结果也表明，一些天文地理因素，如地球自转速度、海温变化、太阳活动等也对水文过程有一定的影响。分析这些影响因素与水文过程的对应关系后，就可以对后期较长时期内的水文要素可能发生的变化情况作出预测。归纳起来，成因分析法可以利用前期大气环流、前期海温特征、太阳黑子相对周期、地球自转速度的变化、行星等很多因素对后期的水文情势作出定性估计。

3.4 梯级水库群联合优化调度技术

梯级水库群通常具有防洪、发电、灌溉、供水、航运、生态、景观等多方面的综合效益，其调度具有水利和电力双重特性，水利方面需要满足人类对水资源的各方面综合利用需求，电力方面则需要水电站群提供可持续的清洁电能，以满足社会经济发展的能源需求，二者相互影响，相互制约。梯级水电站群上下游水库间存在着紧密的水力联系，上游水库对天然来水起到了拦蓄的作用，特别是调节能力较强的大型水库，使下游水库入库流量、河段径流的年内分配，甚至是年际分配发生变化，从而改变了整个流域的径流特征。其联合优化调度问题的实质是以运筹学和水库调度相关理论为基础，将水库调度问题抽象为求解带约束的数学最优解问题，以统筹协调流域上下游各用水部门的利益和需求，从而实现梯级水库群综合效益的最大化。联合调度关键技术主要包括两个方面，梯级水库常规调度和优化调度。

水库调度最早出现于20世纪初，最初是应用经验的方法（以实测水文要素为依据），利用水库对洪水进行调节。而后逐步发展形成了以水库调度图为指南的水库调度方法，至今仍被广泛采用。但是常规调度所利用的调度信息有限，所确定的运行调度策略只能是相对合理的，难以达到全局最优，更难处理多目标、多变量等复杂问题。当前梯级水库群取得的水雨情等调度信息越来越多，为了充分利用所获得的信息，解决复杂的水库调度问题，就需要采用水库优化调度方法。20世纪50年代以来，由于现代应用数学、系统工程理论、电子计算技术及实时控制技术的迅速发展，使得以经济效益最大为目标的水库优化调度理论得到了迅速发展，特别是以水电站和电力系统经济运行为目标的水电站水库优化调度日益完善，并在实际运用中取得较好效果。

梯级水库联合优化调度是运用系统工程理论和最优化算法，借助计算机技术寻求最优的运行准则或达到极值的最优运行策略及相应决策。即根据水库的入流过程和综合利用要求，通过调度运用水库，使水能资源得到充分合理的利用。与常规方法相比，优化调度在满足多种约束条件、考虑不同优化准则以及在适应实时负荷变化及水情变化等方面，处理比较灵活，并能获得更大的运行效益。

梯级水电站水库联合优化调度是发挥梯级水库和水电站群潜力，充分利用水能资源生产清洁能源，减少其他能源消耗的有效措施；此外，梯级水电站群上下游水力、电力联系密切，联合优化调度综合效益更为显著。

3.4.1 梯级水库常规调度

常规调度技术主要依托水库历史水文径流资料，利用径流调节、水能计算理论和方法来探索水库调度方式，从而制定调度规程，以常规调度图或调度规则的形式来指导水库的运行管理。

3.4.2 梯级水库优化调度

梯级水库优化调度以运筹学和水库调度理论为基础，将水库调度问题抽象为带约束的数学优化问题，借助计算机的数据处理能力，结合长中短期水文预报成果，在满足约束条件的解空间中找到优化调度方案。相对于传统常规调度手段，优化调度方法考虑了水库入库流量预报、水库调度目标以及约束条件，提高了水能资源的利用率，成为水库调度领域使用的主要方法。通常将梯级水库优化调度方法分为单目标和多目标优化调度。

3.4.2.1　梯级单目标优化调度技术

梯级单目标优化调度技术是以单目标优化调度为目的，即水库在某一运行时段内通过优化调度，达到某一特定的防洪或兴利目的。例如，以发电量最大为目标、以拦蓄洪水量最大为目标、以保障坝址下游航运畅通为目标、以洪水期确保下游防洪对象安全为目标等。梯级单目标优化调度技术和方法分类见图 3-3。

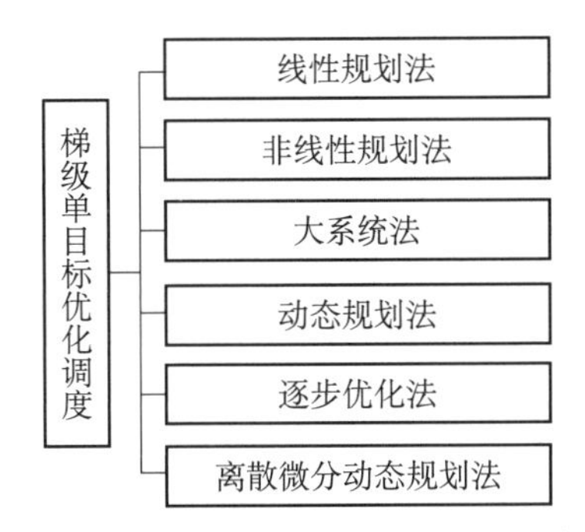

图 3-3　梯级单目标优化调度技术和方法

3.4.2.2　梯级多目标优化调度技术

梯级水库调度决策必须综合考虑发电、防洪、航运、生态等多种目标，既要考虑经济效益，又要兼顾社会和环境效益。因此，传统的单目标优化决策方法已经不能适应新时期水库调度的要求，必须寻求多目标之间协调、统一的调度模式。

随着最优化理论的发展，先后提出了线性规划、整数规划、非线性规划、动态规划等算法，这些方法有的能够得到全局最优解，却需要耗费很长的时间；有的能快速得到答案，却不能保证全局最优。此外，这些方法计算较为复杂，要求给出问题的具体表达式，在工程实践中应用规模有限。因此，人们开始着重研究能够快速找到近似最优解的优化方法。20 世纪 50 年代，受生物行为的启发，研究者们摆脱经典数学方法的束缚，创立了仿生学方法（Bionics Algorithm，BA）。所谓仿生优化算法，是一类模拟自然界中生物种群的结构特点、进化规律、思维结构和觅食过程的行为方式，是种群协作机制的一种体现，属于群体智能的范畴，因而也属于群智算法。梯级多目标调度仿生优化算法见图 3-4。

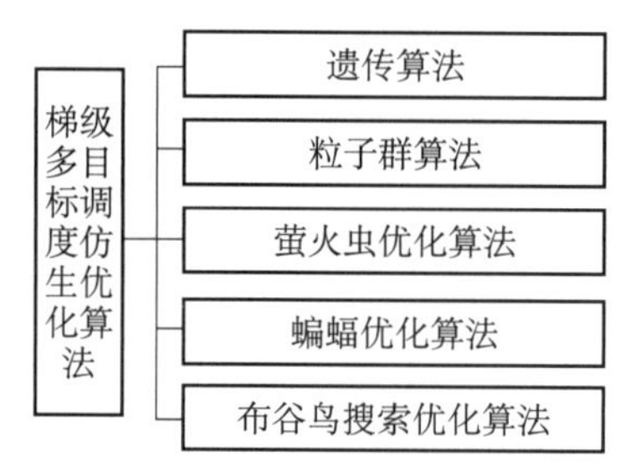

图 3-4 梯级多目标调度仿生优化算法

3.5 联合优化调度决策支持系统

梯级水库群联合调度决策由于入库径流的随机性，决策过程的动态性、实时性，系统非线性，以及管理的多目标性，使得该问题非常复杂，存在一系列亟待解决的关键问题和技术难题。围绕拟解决的关键技术问题，主要包含以下三个功能。

3.5.1 水库及河道仿真模拟

决策支持系统在水资源管理方面有着长久而广泛的应用，涉及流域水资源分配、梯级水库运行管理等诸多方面。近年来，全球气候变化及人类活动已较大地改变了流域下垫面条件，梯级水库群的修建和调蓄改变了河流的动力特征以及水文过程。在气候、环境和流域变化条件下，水库群调度运行亟须智能化水库群联合调度决策支持系统，用以获得流域多维度的动态变化大数据，实现流域水库群联合优化调度以及水资源的高效利用。

在中国，三峡集团开发的调度决策支持系统能够实现梯级水库群预报和调度方案编制，并为决策及管理部门提供技术支撑。该系统能够模拟长江上游各水库群运行过程，并模拟水库群运行条件下河道径流特征的变化。其功能具体包括：水库运行模拟方面，搜集、整理水库系统历史调度运行数据，定量分析各电站长中短期调度运行规律，构建水库群不同时间尺度的概化调度运行模拟模型，分析不同情景下水库群调度可能的运行策略，为决策者提供有建设性的运行方案；河道演进模拟方面，研究水库群所在的河道内水流传播规律，精细模拟和预测各水库受其他水库影响情况下的水面线变化情况，以及在流量剧烈变化、下游水位顶托情况下的水位流量变化过程。

此外，决策支持系统的模拟应用在伊朗也较为广泛，对卡伦流域水库模拟就是通过升级水库模拟开发（ARSP）实现，该模块由科罗拉多州立大学（CSU）和美国垦务局联合开发的模块化模拟器（MODSIM）为计算核心，运行稳定，用于满足家庭和工业用水、灌溉、洪水控制和环境对水库供水的要求。

3.5.2　水库群联合优化调度的决策模块

在水库群联合优化调度方面，决策支持系统能够预测水库群运行状态的变化，为梯级水库和水电站优化运行提供方案，为水库群运行调度的决策者和相关管理部门提供技术、决策支持。

三峡集团开发的调度决策支持系统内嵌了功能强大的优化调度模块，能够在综合考虑防洪、航运、生态等水资源综合利用需求和电力市场需求前提下，分析梯级水库群长中短期及实时优化调度的目标函数及约束条件，通过各层次调度模型及嵌套耦合模型，提供多种快速有效的优化算法。同时，基于滚动优化的综合调度集成技术，提出指导生产管理的水库群长中短期优化调度模型及电站实时优化运行模型，以及适应生产调度需求的常规调度模型。通过长中短期优化调度模型耦合嵌套技术，不断更新调度方案，优化水库群运行方式。

加拿大渥太华流域决策系统用以模拟流域水库群出库控制过程，主要用 5 个参数进行控制：出库流量、库水位、库容、水位变化和库容变化。该决策系统采用 HEC-Ressim 模型进行计算，通过内嵌库容连续性方程，可提供水库运行模拟多种计算方法。

瑞典萨恩河流域则采用了基于网络的决策系统平台，为流域管理部门和发电部门服务。该平台主要包括两个模块，首先是流域水库运行和分布展示服务，并将河流的水文和水力特征反映在展示地图中，用户可以快速全面地了解领域信息。该模块是基于谷歌地图技术开发，能实时展示水库的下泄流量、水位变化以及优化后的调度过程。决策系统平台的第二个模块是基于 GIS 的专家服务模块。根据各地区地理和水文特点，全流域被分为 6 个分区，用户可快速获得各分区的水文气象信息，从流域全局出发，获得流域水库群的调度决策支持。

3.5.3　水库群调度运行的评估模块

调度运行评估是决策支持系统最重要的功能之一，通过对流量预报过程、调度策略、运行过程进行回溯评价，可评价预报模型或预报员准确性，调度运行策略的优缺点，从而全面提高流域水库流量预报精度和运行调度水平。

在长江上游流域水库群调度运行传统的预报及调度运行评价中，主要采用单一过程的指标评价、结果分析的单向流程，没有进行系统评估，也未形成闭环反馈，无法通过评估预报模型及调度策略来提高预报调度水平。联合优化调度决策支持系统基于长系列数据，对预报成果及梯级水库调度的方案和结果进行集合评估，根据评估结果推荐未来时段或指定情景下的预报模型和调度方案，提出优化建议。水文预报成果评估方面，系统基于长系列径流资料，对不同预报软件或不同预报员的预报成果进行评定，在此基础上提出预报软件改进方法和适用情况，提高模型预报精度。结合集合预报成果，提出集合预报产品评价方法，并给出单一预报或集合预报结果的置信水平。梯级水库群调度运行评估方面，系统对调度方案评估后实施，实施后再进行评估和反馈。同时，在水库群系统变化后，快速、科学地评估这些变化对系统的影响，以便制定相应的调度策略。

经济效益是水库群运行的重要指标，伊朗大卡伦流域的阿克斯水库决策支持系统包含的评估模块，可对该流域水库群不同运行场景下的经济效益进行评估。该模块通过计算农作物收入、电力系统特征和防洪对象地区的社会经济特征，得到农业和发电效益以及洪水淹没损害。采用的经济指标如成本效益比、净收益和内部收益率，最终通过计算多种情景下的投资和运营成本以及收益，提出经济效益最优的实施方案。

第4章 案例分析

全球范围内不同国家根据本国国情及水资源条件，不同程度开展了梯级水电站及水库联合优化调度，以下进行了6个国家案例分析，结合各国实际各有侧重。有些国家的案例介绍较为全面，例如，加拿大和伊朗的案例中，结合各国典型流域介绍了水资源管理决策支持系统。有些国家的案例有侧重地介绍水库群调度的做法，例如，中国和日本，主要介绍了梯级水库群调度对防洪、发电、航运以及生态等方面的具体经验，瑞士案例主要介绍了洪水预报，而喀麦隆案例则在水电站和水库群水资源联合优化管理方面进行了详细的介绍。

4.1 中国长江上游流域梯级水库联合调度

长江是中国和亚洲的第一大河，河流长度仅次于尼罗河（Niles）与亚马逊河（Amazon），入海水量仅次于亚马逊河与刚果河（Congo），均居世界第三位。干流全长6300km，流域总面积180万km^2，年平均入海水量约9600亿m^3。长江干流宜昌以上为上游，长4504km，流域面积100万km^2，年均径流量4510亿m^3。长江支流流域面积超过1万km^2的有48条，5万km^2以上的有雅砻江、岷江及其大渡河、嘉陵江、乌江、沅江、湘江、汉江和赣江等9条支流。

长江上游流域水资源丰富，有金沙江、雅砻江、大渡河、乌江和长江上游五大水电基地，装机容量17 564万kW，占全国十三大水电基地总装机容量的59.23%。长江上游已投运并纳入联合调度的大型水库，在防洪、发电、补水、航运等方面发挥着重要作用。其中，以三峡电站为代表的长江干流6座巨型电站水力联系紧密，战略地位重要。在调度过程中综合考虑防洪、供水、发电、灌溉、航运、生态等目标，合理协调水库调度的社会效益、经济效益及生态环境效益，在保证水库防洪安全的基础上，统筹协调各部门对水量、水质的需求，从而合理地调控水资源，最大限度地发挥水库群的综合效益。经过近二十年的调度运行实践，已然成为长江流域防洪“战略屏障”，抗旱补水“战略淡水资源库”，能源保供“世界最大清洁能源走廊”。三峡集团在梯级调度方面积累了丰富的经验，取得了丰硕的成果。因此，开展以三峡水库为核心的长江上游流域水库群统一联合调度具备较好的基础和条件，对长江沿岸社会、经济、生态发展具有重大意义。

4.1.1 梯级水库及电站概况

纳入长江流域联合调度的梯级电站中，三峡集团所属电站装机容量达到7500万kW，尤其是长江干流6座梯级电站，更是规模巨大，其中5座位列世界前十二大水电站（三峡第1、白鹤滩第2、溪洛渡第4、乌东德第7、向家坝第11），三峡集团70万kW及以上机组占全球比例高达70%，白鹤滩单机容量达到百万千瓦，全球最大。

长江干流6座梯级电站自上而下由乌东德、白鹤滩、溪洛渡、向家坝、三峡、葛洲坝组成，河道距离1800km。其中，三峡工程是治理和开发长江的关键性工程、南北互供的骨干电源点，乌东德、白鹤滩、溪洛渡、向家坝是川江河段防洪和长江中下游防洪的骨干工程，是“西电东送”的骨干电源。随着2022年白鹤滩水电站机组全面投产发电，上述6座梯级电站构成了世界最大清洁能源走廊，总装机110台，总装机容量7169.5万kW，相当于“三个三峡”规模，年设计平均发电量3000亿kW·h，占全国水电年发电量的1/4。上述6座梯级水库总防洪库容376.43亿m^3，约占长江上游纳入联合调度水库的3/4；控制流域面积约100万km^2，占长江流域面积56%，三峡工程控制着长江中下游防洪压力最大的荆江河段95%来水，在长江防洪体系中的重要地位不可替代。所属水库航道里程近2000km，约为长江经济带规划里程的40%。三峡集团有着30余年大型水电调度管理实力，在流域水雨情预报和水库联合调度方面有巨大的领先优势，并在长期的梯级调度实践中，与水利、水运、能源、气象、电网等政府部门和企业建立了良好的协作关系，水库联合调度经验丰富。金沙江下游——三峡梯级电站地理位置见图4–1。

4.1.2 梯级水库群联合调度关键技术

三峡集团通过对以上6座大型水利枢纽梯级水库的水雨情、水库信息收集、降雨、径流预报，完善了水库调度方案、发电计划编制和实时调度的整套业务运作体系，进行长江上游流域的梯级联合优化调度。图4–2为梯级水库联合调度业务流程。

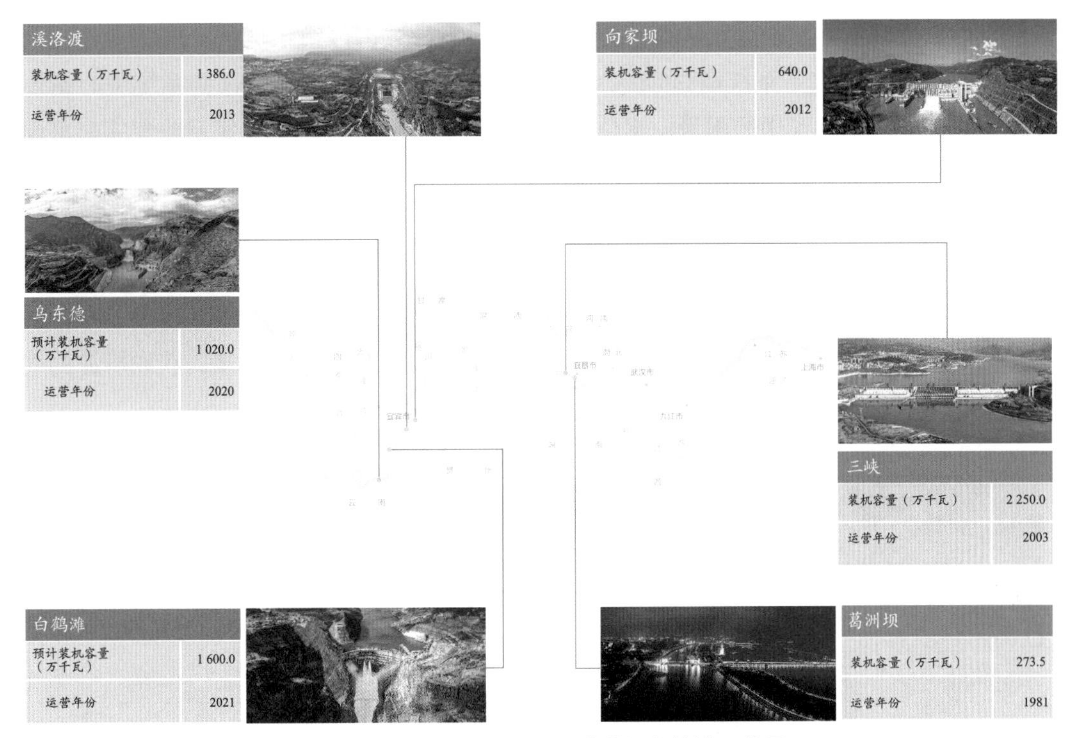

图 4-1　金沙江下游——三峡梯级电站地理位置

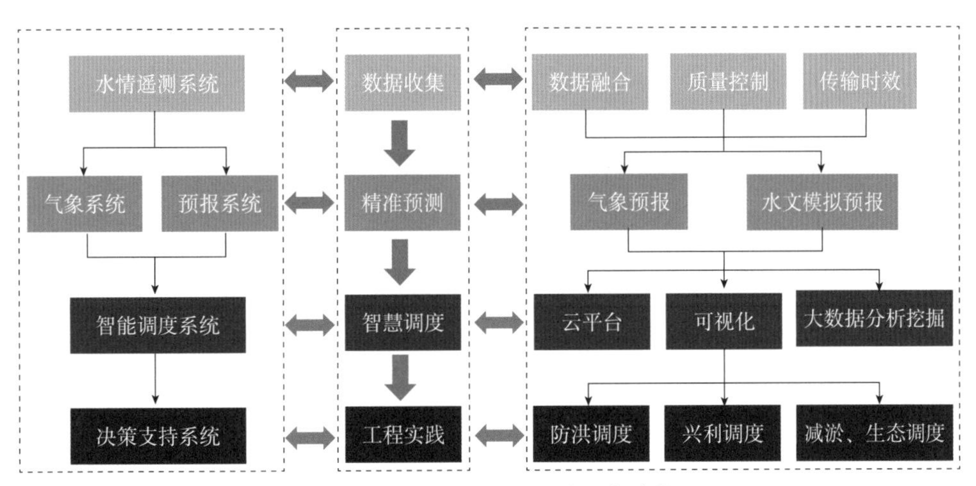

图 4-2　梯级水库联合调度业务流程

4.1.2.1　信息采集

建设了国内水电企业规模最大、功能最齐全的流域水雨情遥测系统。自建或共建共享的水雨情站点近 1500 个，加入了 20 000 多个区域自动气象站点，而且还有雷达、卫星观测等多源数据补充，监测范围可覆盖长江上游近 80% 的流域面积，10min 内能收集所有站点数据，实时监视流域水雨情，实现了对流域信息的快速收集、存储和处理，长江上游流域水雨情站网见图 4–3。主要包含以下三种数据传输：

（1）水调自动化主系统通过信息采集与交换平台，与三峡水情遥测系统中心站连接，采集各遥测站点发送的雨量、水位、流量以及测站工况等信息，满足收集实时水雨情信息以及水文基本资料的记录过程的要求。

（2）水调自动化主系统通过信息采集与交换平台，与水文报汛子接口互联，利用已建的水文报汛网络，采集各地方水文部门和流域调度机构报汛 / 共享的雨量、水位和流量等信息，并实现向防汛指挥部门的水库运行信息报送。

（3）水调自动化主系统通过调度综合数据平台与气象信息系统连接，获取所需的气象预报、降雨、气温、风速 / 风向等气象信息。

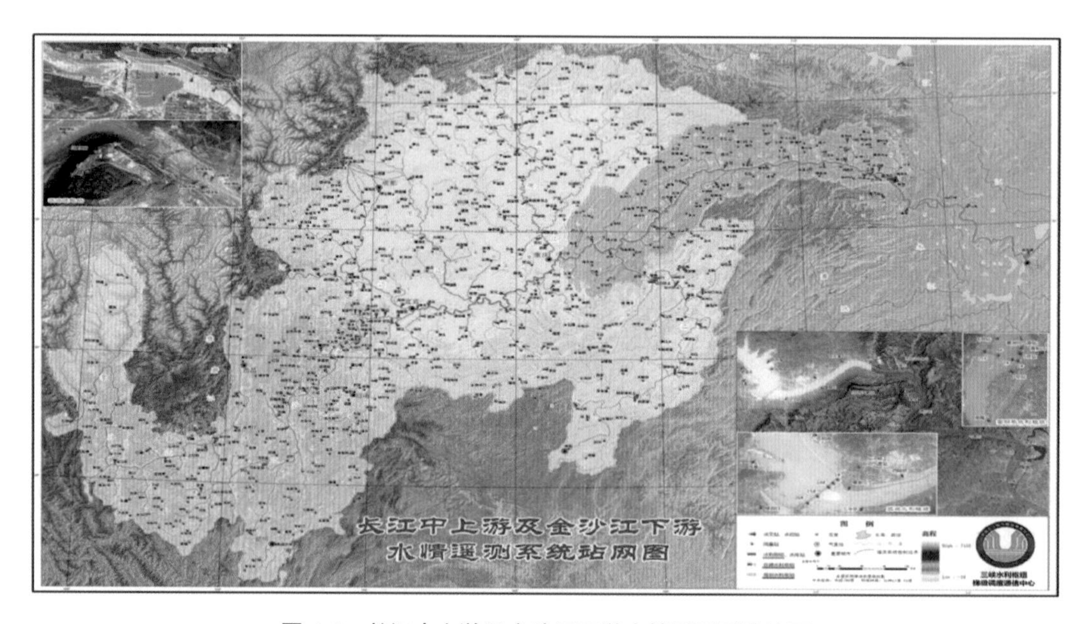

图 4–3　长江中上游及金沙江下游水情遥测系统站网

4.1.2.2　气象预报

三峡集团已建成一整套紧密结合工程实际情况，涵盖数据处理、预报分析、信息服务等功能模块，具有水电行业应用领先水平的气象业务系统。预报范围跨越 14 个省市超 200 万 km^2 区域，提供 5km × 5km 网格的数值中短期降水过程预报和延伸期、月度降水趋势预报，同时提供对台风、高温、寒潮等相关性预报。图 4–4 为气象数值预报成果。

4.1.2.3　水文预报

随着乌东德、白鹤滩的建成，三峡集团预报业务范围由 59 万 km^2 扩展到 85 万 km^2，预报单元由 33 个精细划分为 377 个水文单元，开发了一套完备的水文预报系统，预报预见期提升至 10d，并可对 10~30d 延伸期的降水过程做预报，其中，三峡 24h 平均洪峰预报精度达 97%（较十年前提升 2%）。

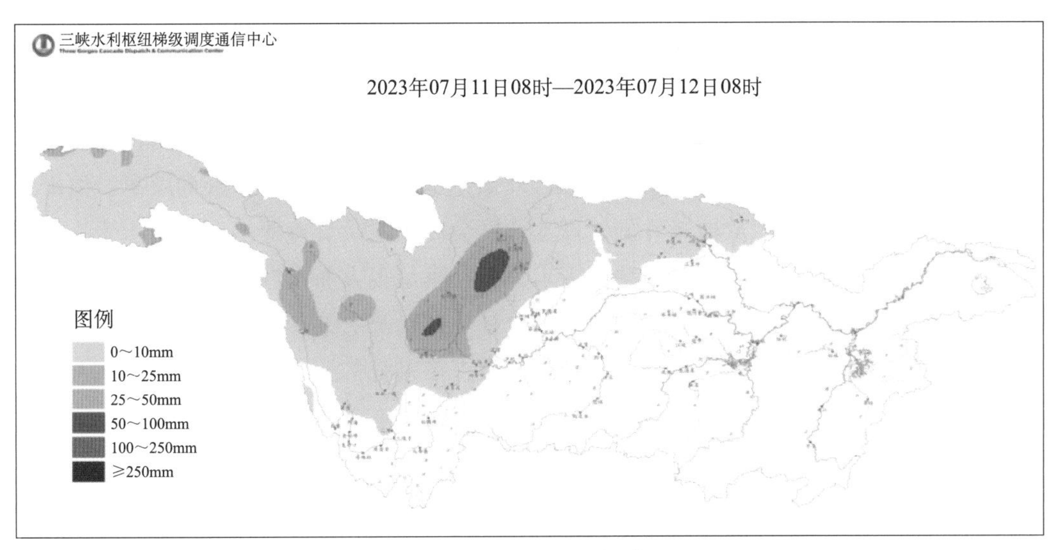

图 4-4　气象数值预报成果

4.1.2.4　优化调度

梯级水库调度方案主要是为梯级水库联合优化调度提供技术支持，指导梯级水库消落期、汛期、蓄水期不同调度时期的调度工作，提高梯级电站发电效益。包含常规调度计算和优化调度计算。

（1）常规调度计算

按控制时段末水位、出入库平衡、控制时段出库流量、控制时段出力（可读取预报或下达出力）、调度图方式、控制时段电量、时段末水位 + 平均出力、出库流量 + 出力、闸门控制等运行模式逐级进行计算。

（2）优化调度计算

通过建立梯级电站长中短期优化调度［发电量最大、收益最大、弃水量最小（中短期）］模型，将防洪、航运、供水等其他目标转化为模型的约束条件，以水量平衡原理为基础，同时考虑不同时段水库水位、水量、出库流量、出力、机组震荡区、左右厂分电比例、电价等条件，利用动态规划、大系统、人工智能等数学方法对模型求解。同时，结合短期优化结果对电站出力进行优化分配，实现长中短期优化调度方案与厂内经济运行相嵌套的优化调度方案，即由长期优化调度方案→中期优化调度方案→短期优化调度方案（发电计划编制）→厂内经济运行，实现调度方案的逐步细化。

4.1.2.5 决策支持系统

为了解决金沙江下游——三峡梯级水库群联合调度过程中出现的问题，攻克梯级水库群在防洪、航运、发电、供水、生态等综合调度存在的技术难题，三峡集团研发出一套扩展性、兼容性强的、集调度方案编制、评估、实施和反馈于一体的水资源管理决策支持系统，解决了生产调度中的科学和工程应用问题。

该系统以金沙江下游——三峡梯级水库群为对象，研究水库及河道仿真模拟方法、梯级水库群优化调度模型、预报及调度运行评估技术，系统集合信息查询展示、值班管理、报表系统、生产计划及检修计划管理、调度会商、决策支持等多功能需求于一体的核心生产平台，累计开展超 350 项功能需求完善、满足多方面人性化功能需求的支持系统，显著改善系统信息查询便捷性、调度计算精确性以及决策支持科学性，为实时调度生产提供重要的系统支撑。图 4-5 为水资源决策支持系统构架。

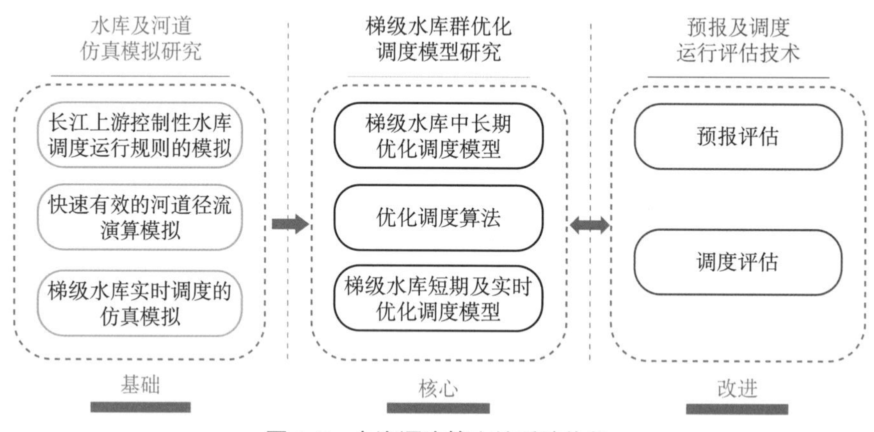

图 4-5 水资源决策支持系统构架

4.1.3 梯级水库群联合调度成效

4.1.3.1 防洪效益

近年来，三峡集团通过梯级水库联合调度，成功应对了三峡不同量级的洪水过程，并且在 2012 年长江流域上游型洪水、2016 年下游型洪水、2020 年流域性大洪水等不同洪水组合情景中经受住了考验，有效降低了下游防洪压力，减少了防洪成本，始终保持下游河段不超警戒水位。三峡工程自 2008 年首次启动 175m 试验性蓄水工作以来，开展防洪调度 60 余次，防御编号洪水 20 次，拦蓄洪水量近 2000 亿 m^3，成功应对 3 次入库流量超 70 000m^3/s 的洪水考验，保障了长江安澜。

2020 年，面对长江流域累计降水量超过 1998 年的严峻防洪形势，积极开展防洪调度，梯级水库先后拦蓄洪水超 360 亿 m^3，占上游水库总体拦蓄量 7 成以上。特别是在三峡 75 000m^3/s 建库以来最大洪峰期间，将宜昌站约 40 年一遇的大洪水削减为常遇洪水，避免了荆江分洪区的启用，使荆江分洪区内 60 万人口避免转移，49.3 万亩耕地以及 10 余万亩水产养殖面积避免被淹没，防洪减灾效益巨大。与此同时，金沙江下游梯级水库也通过联合拦蓄，将金沙江洪峰削减 3 ～ 4 成，避免了金沙江洪水与川江洪水遭遇，有效降低了寸滩洪峰水位 2m 以上，显著减轻了川渝河段的防洪压力。

4.1.3.2　发电效益

通过合理地制定梯级水库水位消落、汛期洪水调度和汛后蓄水策略，实施实时优化调度，减少各水库弃水，提升平均运行水头，提高水资源利用率。截至 2023 年底，梯级电站累计发电量超 34 000 亿 kW · h，其中，三峡电站多年累计发电量超 16 000 亿 kW · h，相当于减排二氧化碳排放 13.7 亿 t，减排二氧化硫排放 13.8 万 t。三峡电站年发电量三次突破 1000 亿 kW · h 大关，其中 2020 年发电达 1118 亿 kW · h，打破了巴西伊泰普电站创造的世界纪录。在应对 2022 年迎峰度夏电网结构性供应紧张期间，梯级 6 座电站勇担能源保供“压舱石”的民生重任，日发电量连续 47 天超 10 亿 kW · h，全年完成保电任务 11 次，成功缓解华中、华东等区域用电紧张形势。源源不断的清洁能源带来了巨大的节能减排效应，为我国构建清洁低碳、安全高效的能源体系，助力“双碳”目标做出了贡献。

4.1.3.3　航运效益

三峡工程投运后，大大改善长江上游航运条件，万吨级船队可从上海直达重庆，水路货运量大幅增长。三峡船闸通航以来累计货运量超 19 亿 t，年货运量都在 1 亿 t 以上，约为三峡工程蓄水以前该河段年最高货运量 1800 万 t 的 6 倍。其中，2022 年梯级水库实施危险品过闸调度 1 次；三峡船闸全年累计过闸货运量达 1.56 亿 t，首次突破 1.5 亿 t，三峡升船机货运量 352.1 万 t；向家坝升船机货运量超 169 万 t，创历史新高，让长江变成了名副其实的黄金水道，极大地促进了沿江经济快速发展。图 4–6 为三峡工程航运效益图。

三峡工程四大航运效益：

（1）可使万吨级船队从上海直抵重庆；

（2）使重庆至汉口的年单下水通过能力达 5000 万 t；

（3）使长江航道航运成本降低 35% ～ 37%；

（4）使长江干流及几大支流的航运事业进一步发展。

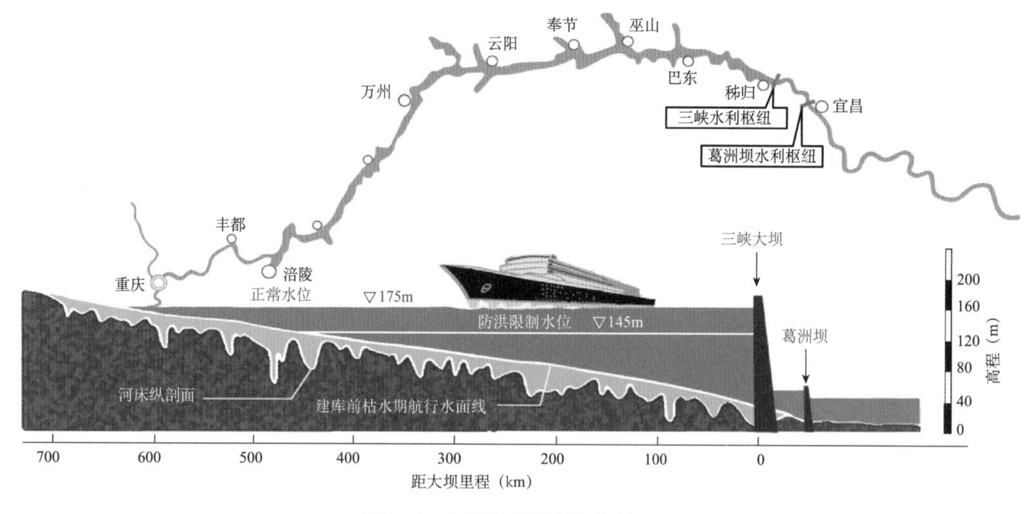

图 4-6　三峡工程航运效益

4.1.3.4　补水效益

6 座梯级水库是保障长江中下游供水安全的关键性工程，每年枯水期，及时增大出库流量为长江中下游补水，保障长江中下游工农业及通航用水需求，截至 2023 年底，自蓄水以来三峡水库累计为下游补水超 2300 天，补水总量超 3000 亿 m^3，相当于 2 万个杭州西湖水量。有效保障了下游的生活生产用水，同时也相应增加下游航运水深 0.8m，减少了航道疏浚的成本。其中，应对 2022 年长江流域严重干旱期间，按照水利部要求开展的两次专项补水行动，累计向下游补水 55.7 亿 m^3，为长江中下游 356 处大中型灌区农业用水和沿江主要地区生活用水创造了有利条件，确保了 4316 万亩秋粮作物灌溉用水需求，供水受益人口达 1385 万人，有效缓解长江中下游干流和两湖地区旱情。

4.1.3.5　生态调度成果

三峡集团积极投身于长江大保护，始终将守护“一江春水、两岸青山”作为重要使命，自 2011 年起，梯级电站已连续 14 年开展促进长江中下游“四大家鱼”自然繁殖的生态调度，6 座梯级水库实施生态调度试验累计 80 余次。仅 2022 年，梯级水库共开展 17 次生态调度，创历史新高。其中，白鹤滩首年开展生态调度试验；金沙江下游梯级水库首次开展联合水温调度试验；三峡水库两次促进产漂流性卵鱼类繁殖生态调度期间，宜都断面总产卵规模达 157 亿粒，其中“四大家鱼”产卵近 89 亿粒，创历史之最，生态调度效益凸显。

4.1.3.6　泥沙调度成果

建立了三峡水库泥沙实时监测与预报模型体系，揭示了三峡库区水沙传播异步和库尾冲淤规律，提出了新水沙条件下“蓄清排浑”动态调度新模式和减淤调度模型，成功应用于调度实践。

4.1.4　联合调度展望

为进一步完善长江防洪体系，保障流域防洪安全和国家战略淡水资源库的运行安全，更好地打造国家在流域管理方面核心竞争力，提高流域水资源的综合利用效益，有必要对长江上游流域梯级电站群实施统一联合调度。

实施长江流域梯级水库统一联合调度是充分发挥长江水资源综合效益的必然选择。未来要实现这一目标，还需要采取综合措施，多管齐下。一是加强体制机制的顶层设计，完善国家层面流域管理政策及法律法规；二是搭建流域梯级统一预报调度决策支持平台和体系，建立健全联合运行协调机制；三是流域开发主体形成以股权为纽带的利益共同体，减少实施统一调度的障碍；四是建立减量补偿、增量效益分享机制，使各主体能共享联合调度带来的综合效益。

4.2　喀麦隆萨纳加河流域水库群联合优化调度

4.2.1　流域基本情况

喀麦隆水能资源丰富，水电可开发总量达到 2000 万 kW，其中 50% 分布于萨纳加河（Sanaga River）。萨纳加河为喀麦隆第一大河流，气候类型兼有热带气候和赤道气候特征，径流年内变化较大。例如，在松鲁鲁（Song loulou）水电站断面，河流流量在雨季能达到 8000m^3/s，而旱季仅 100m^3/s。

萨纳加河流域细分为五个子流域，目前有 33 个站点（手动、水文气象和气象）。

松鲁鲁水电站和埃代阿（Edéa）水电站高效运行的水资源优化管理主要基于流域网络控制与计划管理，包括编制年度流域管理计划、每月更新未来三个月的逐日水资源管理计划、每两周更新水资源周管理计划和每日更新未来五天的逐日水资源运行管理计划等。

萨纳加河的水电站和水库优化运行管理主要包括上游的四座水库和依托流域系统的两座电站，水库包括巴门金（Bamendjin）水库（蓄水量 18 亿 m^3），马普（Mape）水库（蓄水量 33 亿 m^3），姆巴卡乌（Mbakaou）水库（蓄水量 26 亿 m^3）和隆潘卡尔（Lom Pangar）水库（蓄水量 60 亿 m^3）；电站主要为松鲁鲁水电站（384MW）和埃代阿水电站（265MW），它们现在是喀麦隆南部电网的主要发电主力。

埃代阿水电站是萨纳加河流域上修建的第一座水电站，在运行之初，各机组全年均能满负荷运行，包括枯期也基本上能以径流模式运行。后来，随着机组增加，又由于萨纳加河流域天然流量不足，逐步在流域上游修建了四座调节水库：姆巴卡乌（建于 1967 年）、巴门金（建于 1974 年）、马普（建于 1988 年）和隆潘卡尔（建于 2016 年）。

为了更好地实施水资源优化管理，埃代阿水电站采用以下几个步骤运行：第一步是自 2016 年起，利用隆潘卡尔水库对下游水位进行调节，先在雨季蓄水 60 亿 m^3，之后在枯期下泄对下游补水；第二步是分别在隆潘卡尔、马普、巴门金和姆巴卡乌水库群下游逐步开发梯级电站群。

受全球气候变化影响，现阶段面临的挑战是如何通过上述梯级水电站的联合优化调度，实现现有水资源的高效利用。本案例主要阐述萨纳加河水电站和水库群的水资源管理现状。

4.2.2 萨纳加河梯级的类型和特点

萨纳加河水库群是混合型的水库群（串联和并联均有），包括了巴门金水库、马普水库、姆巴卡乌水库和隆潘卡尔水库，以及已投产运行的松鲁鲁水电站和埃代阿水电站、在建的纳齐提加（Natchigal）电站（见图 4–7）。萨纳加河有四条主要支流：洛姆（Lom）、杰雷姆（Djerem）、姆巴姆（Mbam）和农河（Noun），它们也是水电开发的主要河流。图 4–8 显示了喀麦隆全国的水系以及萨纳加河水电可开发量的分布情况。

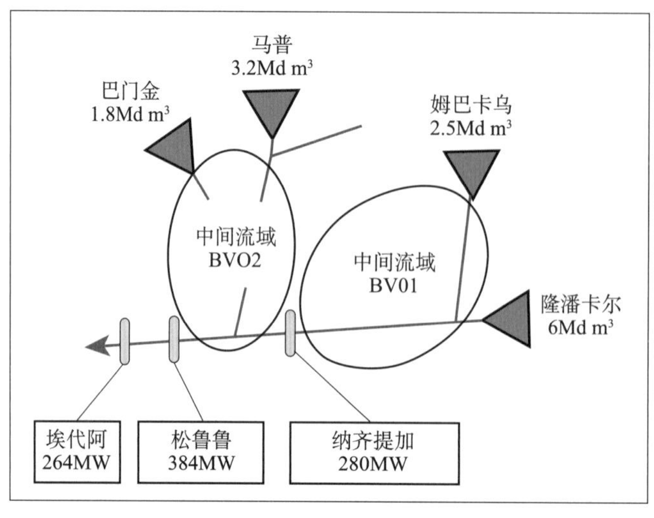

图 4–7　在建的纳齐提加电站位置及流域梯级电站图

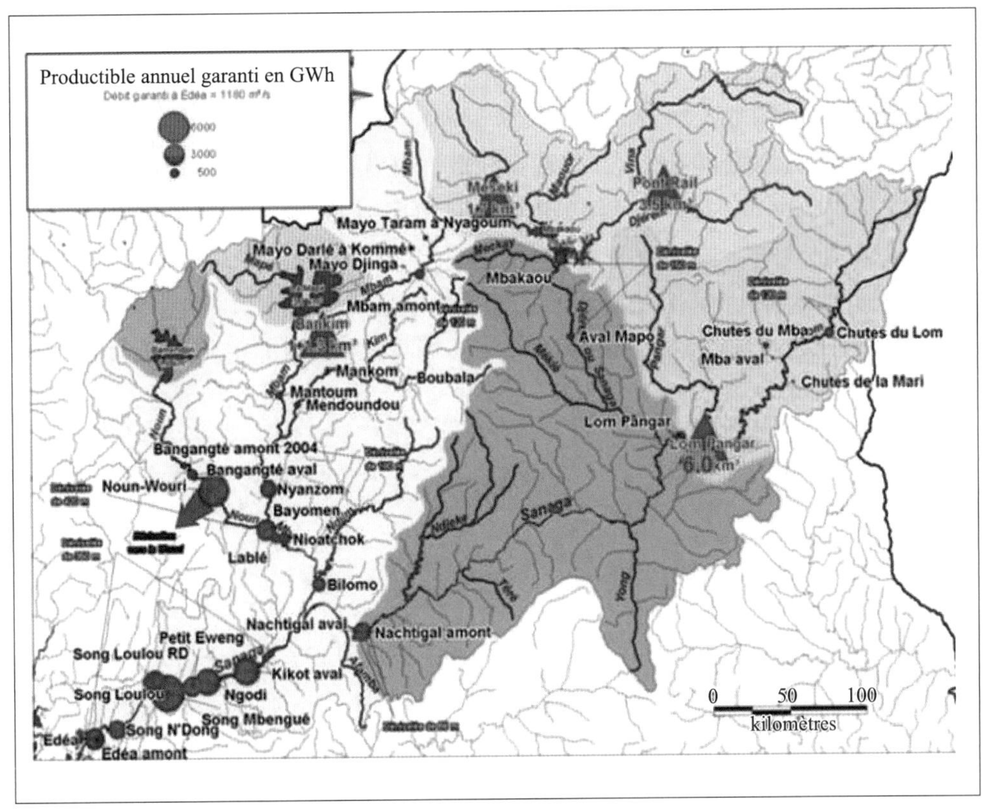

图 4-8　萨纳加河水库及电站分布以及在全国的位置图

4.2.3　水文条件、水资源储量和利用

萨纳加河全长 918km，发源于阿达马瓦（Adamawa）高原，在几内亚湾汇入大西洋，流域覆盖面积达 13 万 km^2，占喀麦隆陆地面积的 1/4。萨纳加河水情年内变化较大，在松鲁鲁水电站断面，流量波动较大，雨季流量能达到 $8000m^3/s$，旱季则为 $100m^3/s$。萨纳加河流域气候兼有热带气候和赤道气候特征，年降雨量空间分布差异明显，纳齐提加地区（位于萨纳加河中游地区，上游承接姆巴姆河）年降雨量为 1355mm，为最小值；恩甘贝（Ngambe）地区年降雨总量达到 2639mm，为最大值（位于萨纳加河中游地区，下游为姆巴姆河）。萨纳加河比降为 1m/km，水流速度快，因此修建了 4 座有调节性能的水库巴门金、马普、姆巴卡乌和隆潘卡尔，用以充分发挥该河丰富的水能潜力。

萨纳加河流域在喀麦隆经济建设中发挥着重要作用，流域水资源用途广泛。虽然居住在萨纳加河流域的人口数量较少，但流域内的水电提供了喀麦隆全国 95% 的电能。该流域还为多个城市提供生活用水，以及少量的工业用水，此外，还为流经地区提供农业用水和渔业养殖环境。2012 年，萨纳加河流域用水量约为 278 亿 m^3，虽然这个水量远远低于埃代阿水电站径流量，但在枯水期，当流域内的水电站因来水不足而无法满负荷运行时，这个流量还是解决了一定需求。

喀麦隆 266km^3 的地表水资源中，大约 23% 分布于萨纳加河流域，埃代阿水电站（河口地区）年径流约为 60.64km^3，其径流在雨季和旱季变化很大。萨纳加流域水资源年际变化也很大，例如，1950 年至 1970 年为丰水年，1980 年为枯水年。萨纳加河非消耗性用水主要用于发电，在雨季径流充沛，通过水库调节，提高了电力生产量。两座径流式水电站埃代阿和松鲁鲁发电量占喀麦隆总发电量的 95%。2016 年，随着隆潘卡尔水电站的投产运行，水电站群的经济效益进一步调高，相关研究正在开展之中。

4.2.4 水资源管理现状

4.2.4.1 资料收集与决策支持系统

准确地预报和良好的调度模式是水资源联合优化管理的关键，水资源管理效率决定于对流域上游水文气象信息的掌握。萨纳加河流域分为 5 个子流域：①姆巴卡乌子流域，面积 2.04 万 km^2，最大蓄水能力 26 亿 m^3；②马普子流域，面积 0.402 万 km^2，最大蓄水能力 33 亿 m^3；③巴门金子流域，面积 0.219 万 km^2，最大蓄水能力 18 亿 m^3；④隆潘卡尔子流域，面积 1.97 万 km^2，最大蓄水能力 60 亿 m^3；⑤萨纳加河中游流域，该流域蓄水能力由松姆本格（Song Mbengue）水电站控制，流域范围内 4 座水库总的蓄水能力为 140 亿 m^3。

水电站设备主要包括：发电机组、资料采集的传感器装备、资料储存、微信数据周期性传输系统、气象数据传输装置、降雨量数据收集传感器、空气湿度和温度数据采集传感器、风速和风向监测装备、PLS 水位数据采集传感器、太阳能板电能供应装置（30W）和缓冲电池。

资料采集完成后，通过红外线或 RS232 装置传输至连接数据库的便携式电脑。地面接收站通过连接欧洲卫星气象组织的网站，可以检索到相关的气象数据。测量仪器包括 2 个测量系统：一个用于大型河流的多普勒测速系统，另一个用于小型河流的流速计。

萨纳加河流域资料很多能从互联网上获得，包括：气象资料（36 个气象站的温度、湿度、风速、降雨量），水文资料（18 个水文站的水位、流量）。水文气象数据实时监测系统已经建立，并稳定高效运行，且没有控制协议。所有的数据均按一定的标准进行控制和储存，通过一系列校正后，存放入数据服务系统。萨纳加河站网分布图见图 4–9。

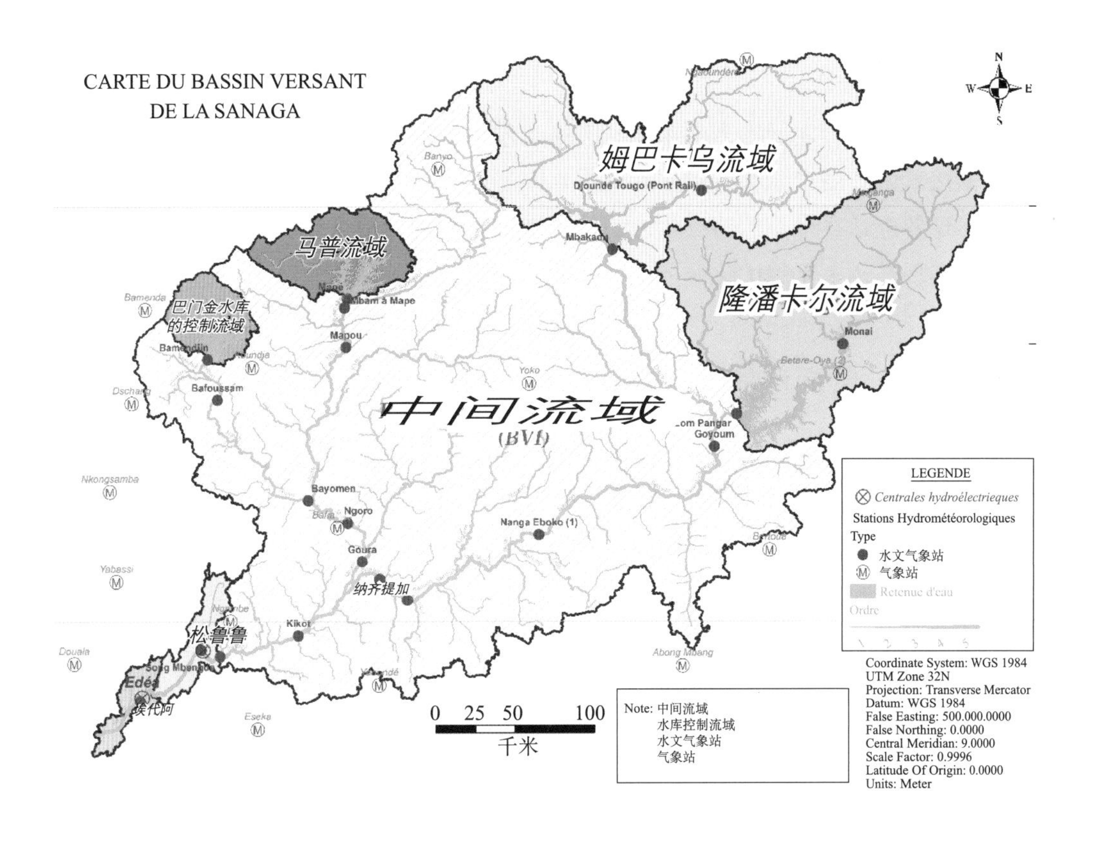

图 4-9　萨纳加河站网分布图

4.2.4.2　预报和调度运行

利用基于 Excel 的工具，对各水库上游径流规律进行分析，从而对水库入库流量进行预测，该工具可根据过去 3 年的实测与过去 30 年的历史流量相比的平滑平均值事项径流趋势预测。

水库蓄水一般于 7 月初开始，到 12 月底结束。11 月底会提交一份蓄水报告，以确定下一阶段 12 月初至次年 6 月的调度目标。保障松鲁鲁水电站和埃代阿水电站高效运行的水资源优化调度目标也包含在内。主要有几个方面：

（1）长期。对用水需求进行统计，确定以 2 个月为时间步长的年用水量目标值系列，通过将流域各方总用水需求与天然流域预报系列进行比较，对每个水库的供水方案进行估计，尽量维持枯季一定水量，不至于枯期有较大的水量缺口。

（2）中长期。在水资源管理年计划的基础上，以日时间步长，对每季度的月用水目标进行计划和管理。

（3）中期。在季度管理策略基础上，对每两周的用水计划进行制作和管理。

（4）短期。基于每两周的用水管理计划，制作 5 天的短时水资源管理计划，确保水资源在每个电站实时运行中得到实时，并应对各种突发事件（装机的不确定性、电能需求的不确定性等）。

调度方案首先确定姆巴卡乌水库和隆潘卡尔水库的供水优先级，先由姆巴卡乌水库供水，紧接着由隆潘卡尔水库供水，马普水库和巴门金水库进行补偿调度。这种调度方案能够实现各电站在旱季的持续供水，使各湖泊蓄水能力最大化，保障下一季度持续供水，从而实现长达 3 年的优化调节。

4.2.5 水资源管理评估

水库调度主要分两个阶段进行，即水库的蓄水阶段和常规调度阶段。

4.2.5.1 蓄水阶段（以 2017 年为例）

大坝通常从 7 月初开始蓄水，到 12 月底结束，需要制定详细蓄水计划，并确定不同库区的蓄水目标。最初，马普水库和巴门金水库是一年两次蓄水。2017 年在蓄水开始阶段，所有水库的剩余水量为 27.94 亿 m^3（2017 年 5 月），到 2017 年 11 月底，4 个水库累计水量为 131.72 亿 m^3（占总容量的 94%），水库蓄水过程见图 4-10。

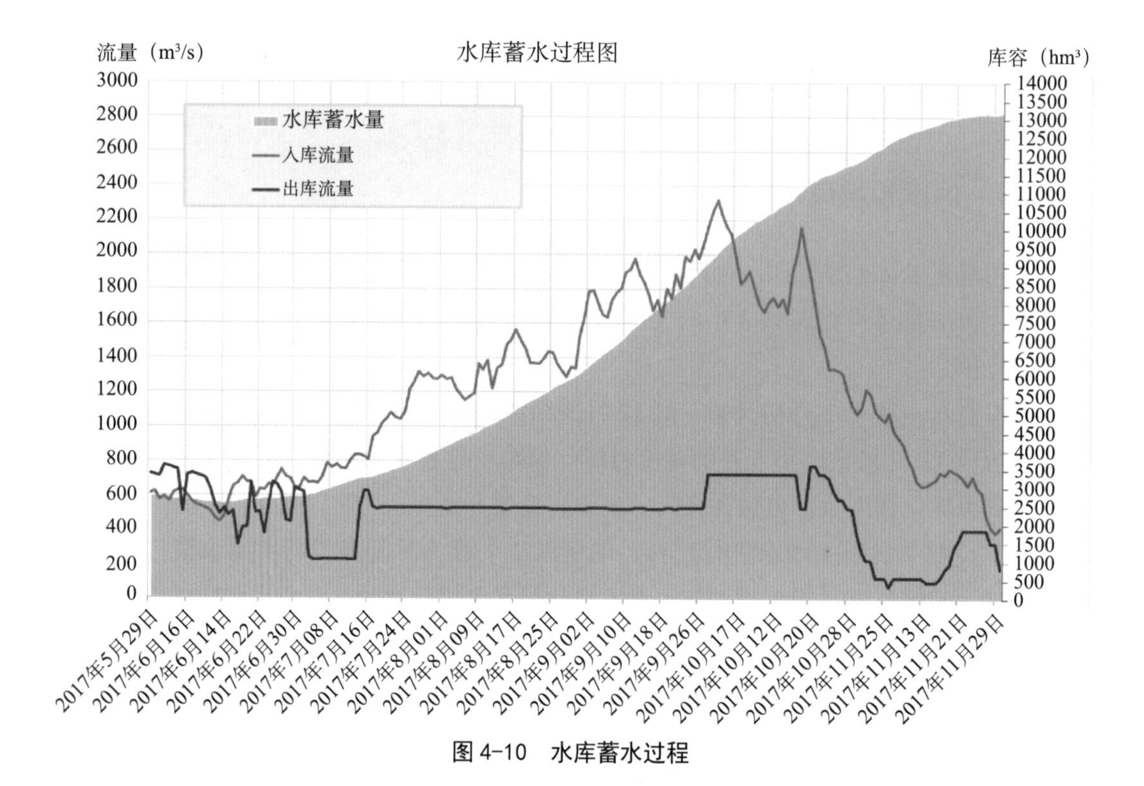

图 4-10 水库蓄水过程

4.2.5.2　常规调度时段（以 2018 年为例）

当萨纳加河中游流量低于 600m^3/s 时，即启动水资源优化调度，通过上游水库加大出库完成补水目标。中游的流量减小是主要的依据，在没有降雨的情况下，流量将会以指数规律持续下降，实际调度过程中，假设水库的库容曲线是线性的。

在对 4 个水库进行联合调度的过程中，水库被细分为两组，分别为库 1 和库 2。库 1 由姆巴卡乌水库和隆潘卡尔水库组成，库 2 由马普水库和巴门金水库组成，作为库 1 的备用水库。为了使全年至少 95% 的时间满足要求，2018 年松姆本格的目标流量设定为 1050m^3/s，水库累计水量为 131.72 亿 m^3。这个目标流量在调度开始时根据 BVI 有利的水文条件上调至 1100m^3/s，使得埃代阿水电站有功功率保证在 200MW 左右。因此，2018 年萨纳加河优化调度的主要目标得到了保证，在退水阶段误差为 ±3%，在涨水阶段误差为 +10% ～ –3%。图 4–11 黄色面积区域表示目标流量以上的水量，这是由于缺乏控制中间流域的模型而造成的水量损失。

在 2018 年枯期，松姆本格水电站实测流量在 1100m^3/s 及以上的时间保证率为 70%，2017 年 12 月至 2018 年 6 月的平均流量为 1192m^3/s，较目标值偏高 8%。

2018 年枯水期于 7 月 5 日结束，隆潘卡尔、姆巴卡乌、马普和巴门金水库的累计补水量为 28.58 亿 m^3，2018 年枯期水库水量变化和下泄流量见图 4–12。

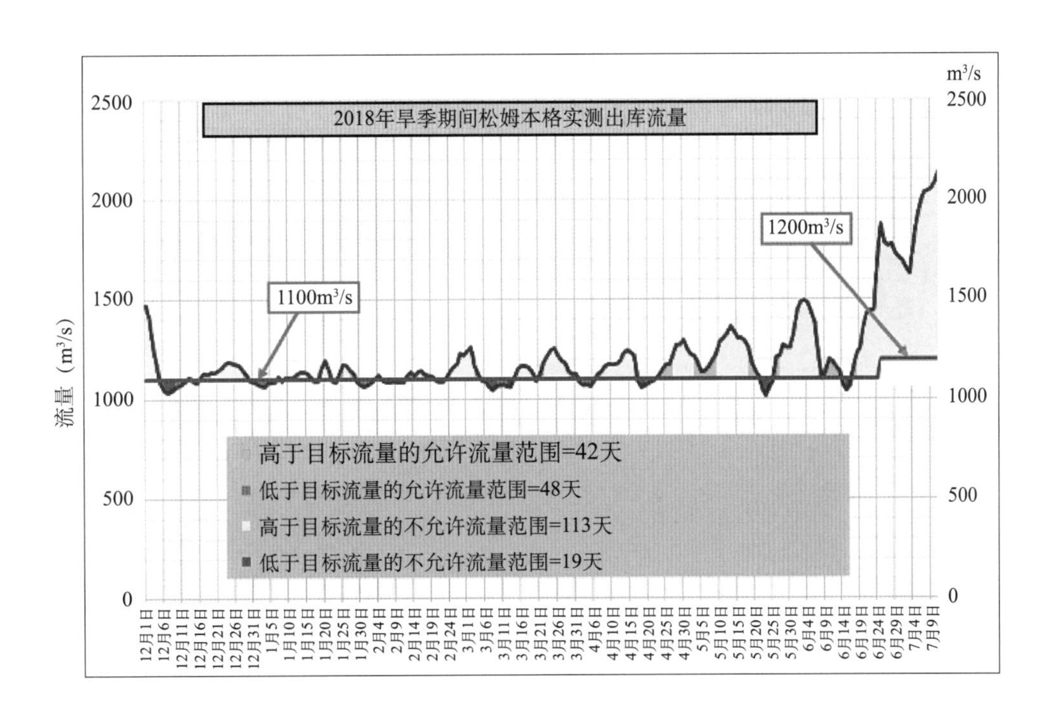

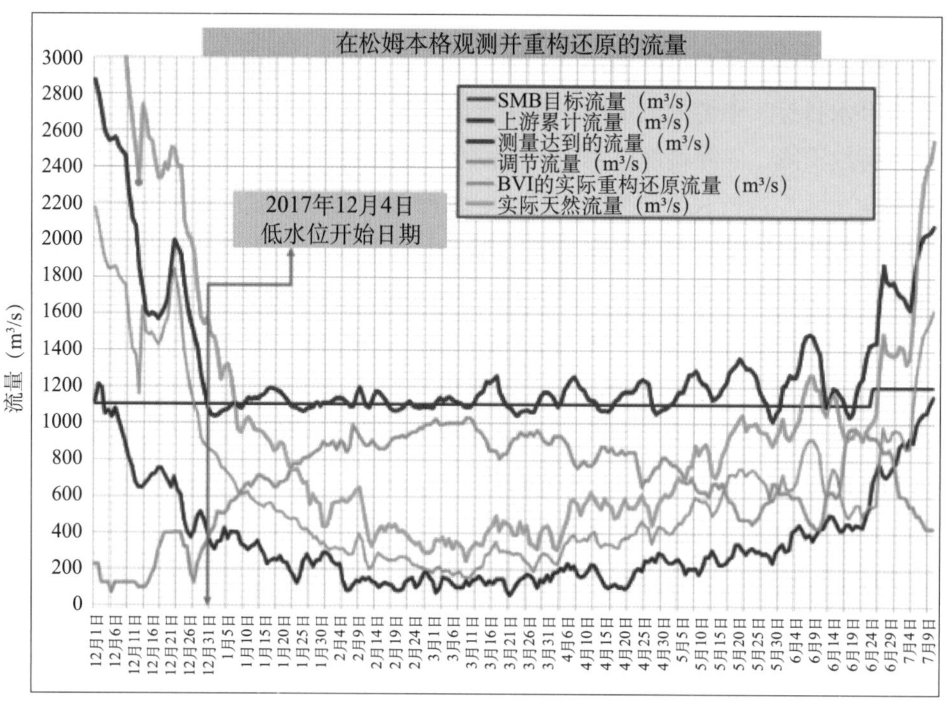

图 4-11　2018 年枯水期松姆本格实测流量和还原流量

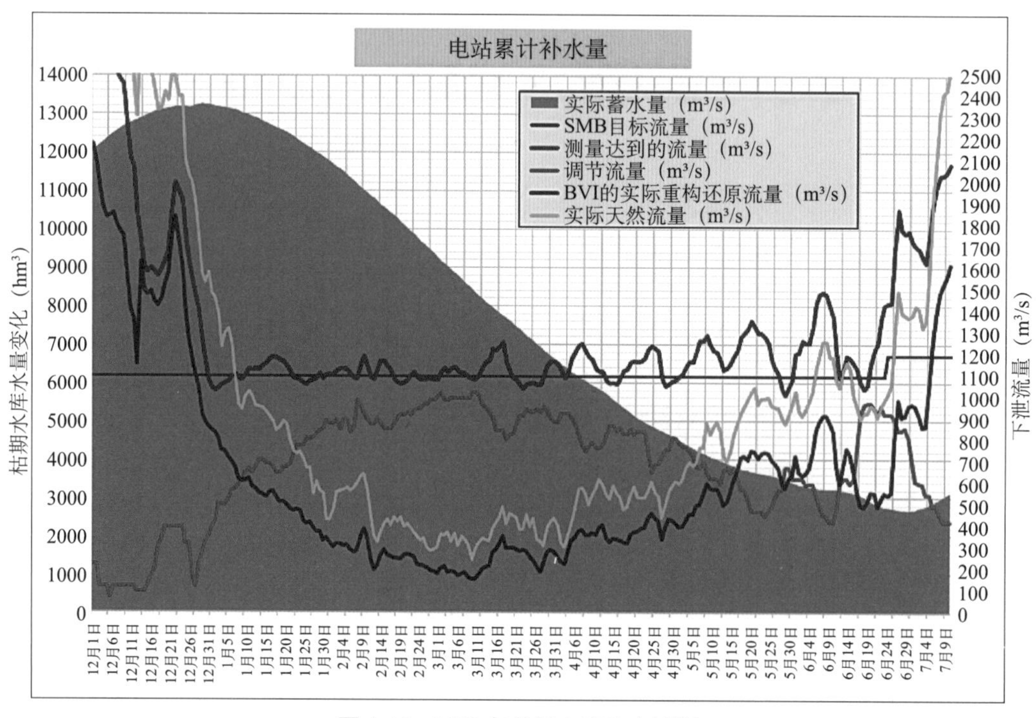

图 4-12　2018 年枯期水库补水过程

隆潘卡尔、姆巴卡乌、马普和巴门金水库作为萨纳加河联合调度的一部分，为保障萨纳加河流域水资源优化调度，及松鲁鲁和埃代阿水电站发电调度，4 座水库于 2017 年 11 月 30 日全部蓄满。这使得松鲁鲁和埃代阿水电站在 2018 年枯水期（2017 年 12 月 4 日至 2018 年 7 月 5 日）的最小流量达到了 $1062m^3/s$。此外，4 座水库的蓄水量可以保证松鲁鲁和埃代阿水电站的平均可用容量达 594MW，约为 32.5 亿 kW · h 的电量，相当于 32% 的电能贡献率，使电力公司能够节省大约 400 亿非洲法郎的火电站燃煤。

4.2.6　结论

通过基于预报的调度模式，显著提高了萨纳加河上运行的 2 座水电站和 4 座水库的发电和综合利用效益。影响水文要素变化的因素是水文要素的观测、数据处理、从有限的实际数据中分析获得的水文规律和预测方法。某些误差的存在，可能会影响调度模式的精度。自隆潘卡尔水库蓄水以来，萨纳加河梯级水库和水电站的综合优化运行取得了显著的经济效益。想要不断改善萨纳加河的水资源管理，关键在于改进预报系统，将观测设备网络铺设得更加密集，并建立起一个可靠的模型来控制区间流域。

4.3　加拿大渥太华流域梯级联合优化调度

4.3.1　基本情况

加拿大水资源丰富，淡水资源位居世界第 4。几个世纪以来，加拿大的湖泊和河流水资源实现了综合利用，如航运和将水动力应用于各种工业生产（如 18 世纪以来建造的水厂）。加拿大的水力发电始于 19 世纪末，第一批水电站之一位于渥太华河上的肖迪耶（Chaudière）瀑布。虽然加拿大发展的早期就已经修建大坝，但为了防洪和河道整治而建造的大型大坝，基本上是从 20 世纪初开始建造的。在 20 世纪期间，水资源基础设施得到了进一步发展，包括越来越多为了水资源管理和为不断增长的人口提供更大电力供应而建造的大坝。本案例的研究区域为渥太华河流域，特别关注渥太华河流管理规划委员会（ORRPB）为确保流域内大型水库水资源的综合管理而开展的技术工作，这些工作的开展是为了尽量减少洪水和干旱的影响。

4.3.2 流域基本情况

4.3.2.1 流域水文

渥太华河的源头位于多佐伊斯（Dozois）水库以东，源头到渥太华河与圣劳伦斯河（St Lawrence）交汇处的全长超过 1130km。渥太华河是圣劳伦斯河的主要支流，其大部分形成了安大略省和魁北克省的边界。流域总面积 14.63 万 km^2，其中 65% 位于魁北克省，35% 位于安大略省。渥太华河的河网分布密集，包括面积超过 2000km^2 的 19 条支流。其中，就长度和流量而言，最大的支流是位于魁北克一侧（左岸）的加蒂诺河（Gatineau）。渥太华流域主要干支流及水电站分布图见图 4–13。

流域地形主要由低地地区及两个山脉组成。低地地区大部分位于尚普兰（Champlain）平原；两个山脉分别是左岸的劳伦特山脉（Laurentians）和右岸的阿尔冈昆穹顶（Algonquin dome）。蒙特朗布朗（Mont-Tremblant）海拔最高（967.5m），低地最低海拔约 40m。

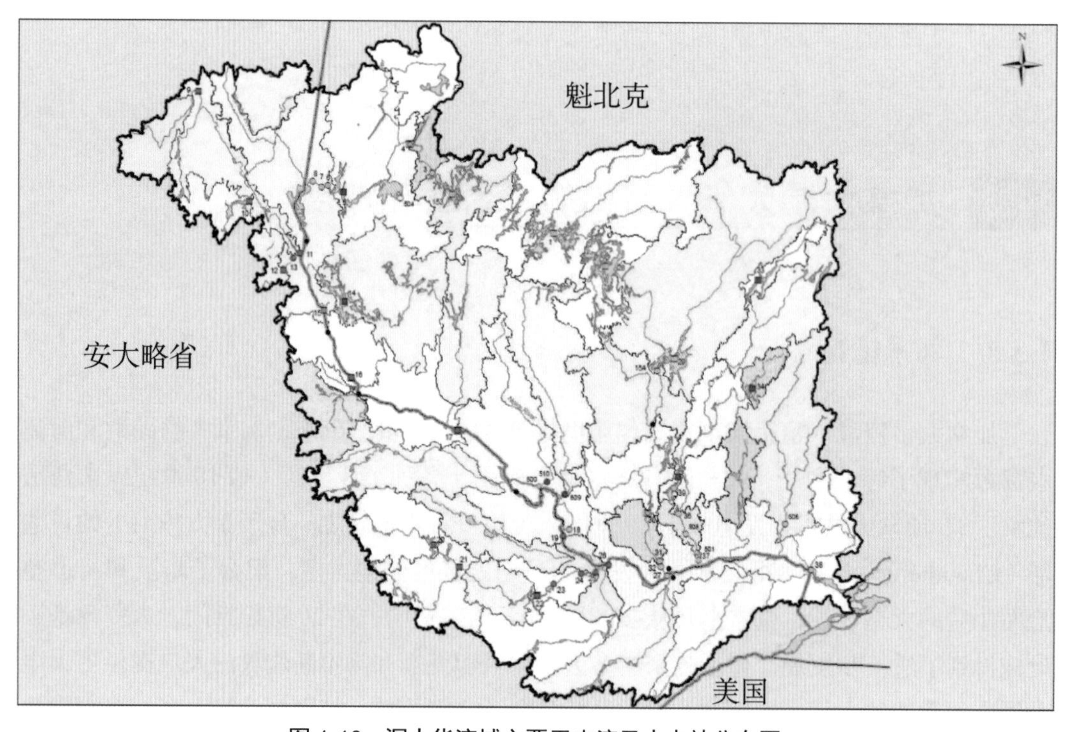

图 4–13　渥太华流域主要干支流及水电站分布图

4.3.2.2 大坝、水库和水电站

由于河流下游的航运和电力开发需要更均匀下泄水流，20 世纪初，人们提出了利

用大型天然湖泊蓄水的想法。因此，加拿大联邦政府在 1911 年至 1914 年间修建了坎兹（Quinze）、蒂姆斯卡明（Tiimskaming）和基帕瓦（Kipawa）水库。当时，肖迪耶工程（Chaudière structure）是河系上唯一的水电站。如今，流域上已建有 13 个大型水库，每个水库都有超过 2 亿 m^3 的可用库容。这些水库总库容大概 121.55 亿 m^3，依据 ORRPB 政策进行统一开发利用。表 4–1 列出了这些水库的库容、水库建成年份、大坝运营商等信息。通过将部分河流天然径流储存在这些主要水库中，并在一年中的其他时间将其释放，起到调节河流流量的作用。除这 13 个主要水库外，还有 14 个较小的水库有储水量。考虑到其他水库的库容较小，本案例讨论的决策支持系统则不包括这些水库。

表 4–1　渥太华流域的主要水库

河流	水库	建成时间	水库运营商	库容（百万 m^3）
渥太华	Dozois	1949	HQ	1863
	Rapide 7	1941	HQ	371
	Quinze	1914	MDDELCC	1308
	Timiskaming	1911	PSPC	1217
	Des Joachims	1950	OPG	229
蒙特利尔	Lady Evelyn	1925	OPG	308
基帕瓦	Kipawa	1912	MDDELCC	673
马达瓦斯卡	Bark Lake	1942	OPG	374
加蒂诺	Cabonga	1928	HQ	1565
	Baskatong	1926	HQ	3049
列夫尔	Mitchinamecus	1942	MDDELCC	554
	Kiamika	1954	MDDELCC	379
	Poisson Blanc	1930	MDDELCC	625

注：HQ: Hydro–Québec（魁北克水电公司）；MDDELCC: Ministère du Développement durable，de l’Environnement et de la Lutte contre les changements climatiques（Québec）（魁北克省可持续发展、环境和气候变化部门）；OPG: Ontario Power Generation（安大略电力公司）；PSPC: Public Services and Procurement Canada（加拿大公共服务和采购部）

自19世纪末以来，渥太华河上已修建了水电站。流域内有43个水电站，规模从不足1MW到753MW不等，总计装机容量超过4200MW（加拿大水电协会，2019年）。这些水电站代表了魁北克水电公司和安大略电力公司的大部分水力发电能力。其他独立发电公司也拥有和运营流域内的一些小型水电站，然而，考虑到这些水库规模有限，对抵御下游河流洪水和干旱没有重大影响。

4.3.2.3 渥太华河流管理组织结构

为确保主要水库的联合管理，成立了渥太华河流管理规划委员会（ORRPB）和渥太华河管理委员会（ORRC）。1974年，特别是在蒙特利尔地区（Montreal）一场毁灭性的洪水过后，加拿大联邦政府和省政府开始采取措施，试图减少洪水所造成的损失。1976年又发生了一次大洪水，进一步推动了机构的成立。

政府采取的第一步措施是成立流量管理委员会（蒙特利尔地区），目的是确定蒙特利尔地区在不损害当前用途和环境的情况下，降低洪水和枯水风险的各种可能性。

该委员会于1976年报告并建议一系列措施，包括对圣劳伦斯河（St. Lawrence River）的行动、渥太华河流域水库的综合管理以及各种结构措施［如在千岛河（Mille Iles River）入口处修建堤坝和控制结构］。该委员会还建议扩大现有的渥太华河管理委员会，以涵盖其他相关方（流量管理委员会，1976年）。

1983年3月，通过签署《关于渥太华河流域管理的加拿大–魁北克–安大略省协议》（《协议》），成立了渥太华河流管理规划委员会、渥太华河管理委员会和渥太华河管理秘书处。上述规划委员会成立了各种组织，包括联邦和省级机构，以及魁北克水电公司和安大略电力公司等。

规划委员会（ORRPB）的职责是制订《协议》中所列水库的管理政策和标准。监管委员会（ORRC）的任务是制定适当的规管、运行方法及程序，以确保主要水库的运行符合规划委员会通过的规管政策及准则。最后，秘书处的作用是作为规划委员会的执行机构，收集和分析数据，报告和预报渥太华河流域的水文条件，开发和运行数学模型，执行委员会的任务。

4.3.3 水库与水电站联合优化调度技术

本节介绍了水电站与水库联合优化调度的各个方面，包括从数据采集、气象预报和水文预报到实现水库优化运行决策支持系统的各个步骤。

4.3.3.1 数据采集

为了运行用于协助渥太华河流域管理的各种模型，根据季节，每小时、每天或每周收集、验证、计算和传输大量数据，了解水位、流量和雪情对于评估流域水文条件和预测渥太华河支流、干流的流量至关重要。水文站的分布见图 4–14。

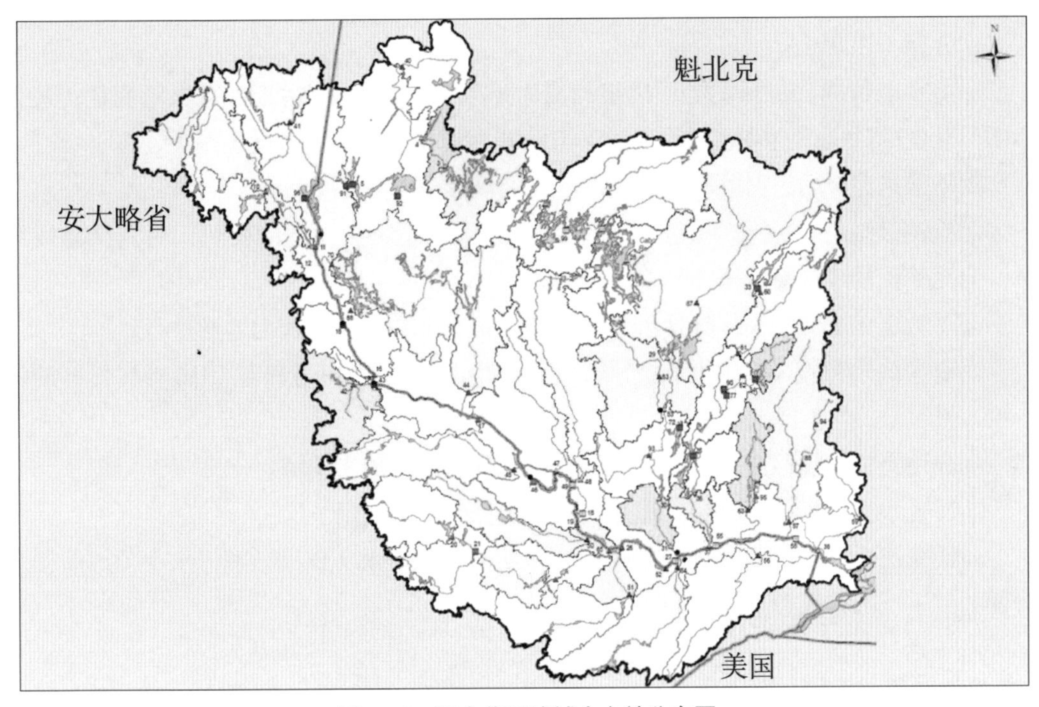

图 4–14　渥太华河流域水文站分布图

此外，每天收集气象数据特别是气温和降雨量，用于天然入流预测模型。现有的气象数据是从位于流域内外的 151 个气象站获取的。同样，在流域内的 79 个测站可以测量积雪数据。除这些站外，流域外还有 38 个雪量站也作为数据分析的一部分，用于描述流域当前的雪情。

收集的数据包括大坝运营商对每个大坝的预期运行计划。这些水库水位控制或泄流计划，代表了各个水库和发电站的运行思路。

第一步是通过实时观测获取数据。根据数据类型，魁北克水电公司和 ORRC 的合作伙伴建立了计算机系统来执行自动数据采集。数据被同时存档并传输到使用它们的各种工具，有四大类数据：

（1）水文数据包括水位、流量和水温。水库中的水位用于计算蓄水量，而河流中的水位则用于通过流量曲线计算流量。流量数据包括涡轮流量、泄流量和总流量。水温数据提供了有关河流和水库冻结、融冰条件的间接信息。

（2）降雪数据包括降雪量、雪密度和水当量。所有合作方的积雪调查数据都是集中共享并在此基础上内插的，以生成适用于水文模型的流域平均值。还参考如卫星图像等其他非正式信息来源的降雪信息。

（3）气象数据包括在气象站网络中各种常规传感器收集的数据。由于这些数据是水文模型的输入数据，因此主要数据是气温和实测降水量，但也包括相对湿度、大气压力和太阳辐射。最后，风速和风向数据有助于解释水库水位测量中的误差。在无正式收集渠道的情况下也会咨询参考其他信息来源，例如，雷达成像或加拿大环境部的区域确定性降水分析（RDPA）。

（4）发电数据。包括发电厂机组的出力（单位：兆瓦），用于计算涡轮流量；还包括闸门开度的数据，这些数据用于纠正与设施操作相关的入库流量误差。

数据采集完成后，必须对数据进行验证。此步骤包括以下操作：

①检测缺失数据或异常值。当发现问题时，联系负责设备的团队，对其维修或维护，负责验证的团队对维修工作进行跟踪。

②手动更正缺失数据或异常值。可每天更正，或在较长时期内追溯进行。

③定义降水数据的物理状态，将测量的降水总量分离为雨和雪（HSAMI 模型的两个输入量）。

④利用克里格插值法计算气象资料和积雪资料的流域平均值。

⑤通过水量平衡或均值法计算过去几天观测到的入流量。

验证完成后，观测到的水文和气象数据就可以用于水文预报。进行水文预报前，还需要的另一环节是气象预报。

4.3.3.2 气象预报

气象预报步骤至关重要，因为它是任何水文预报固有不确定性的很大一部分来源。气象学家每天都可以获得各种模型输出，由于每个模型都是以自己的方式模拟物理机制，不同模型产生的预测场景有时是相似的，但有时也可能是非常不同的。当前的气象预报过程如下：

（1）分析当前和过去的气象环境。气象学家将模型的输出结果与前一天和当天前 6 h 的观测结果进行比较。

（2）未来气象情况分析。气象学家比较加拿大（GDPS 和 RDPS）、美国（GFS 和 NAM）和欧洲（ECWMF）确定性模型，以及北美集合预报系统（NAEFS）的气象预报输出结果。

（3）气象场景的构建。根据之前的分析，天气网格将被修改为 1° 的分辨率，以获得超过可能天气情况的概率。根据加拿大模型中的时间间隔（前 48 h 采用 6 h 间隔，后几天采用 12 h 间隔）对总降水量、最低温度和最高温度 3 个网格要素进行修正。降水类型根据温度阈值自动确定。此外，在这一步骤中，气象学家将根据确定性水平和水文情景决定预测范围，范围从 4 ～ 9d 不等。

（4）基于网格进行插值，以计算整个流域的平均值。最后，气象学家根据历史相似情境下的误差，建立超过 85% 和 15% 概率的天气预报。

4.3.3.3　水文预报

HSAMI 是 ORRC 中使用的水文模型。它是魁北克水电公司开发的（Bisson 和 Roberge，1983 年），是一个全球概念模型并实现了现代化。术语“概念性”是指模型中的物理过程是用经验关系，而不是物理特性来近似的。术语“全球”是指流域被表示为一个单一的、同质的空间实体。因此，没有明确地考虑过程的空间变异性。例如，全流域模型不区分流域上游和下游的降雨。全流域概念模型较为简单，对数据输入要求较低，计算时间较短。

HSAMI 使用以下输入：每日最低温度和最高温度、降雨量和降雪。图 4-15 显示了 HSAMI 中不同过程之间的交互。降水要么落在地面上，要么落在水库里。然后，根据土壤饱和度和地面霜冻情况，水可能以积雪的形式在地面上累积，或垂直渗入地下土壤，或通过地表径流过程线产流。在垂直入渗条件下，下渗至充气区和饱和区，然后分别通过中间过程线和地下过程线。同时，蒸发蒸腾过程将积雪、土壤表面、植被和水库表面的水分去除，并以水蒸气的形式返回大气。最后，天然入流是由三个流量过程线（地面、中间和地下）的总和组成的。在 HSAMI 中，物理过程及其相互作用由模型校准期间设置的参数控制，包含 23 个参数：2 个用于蒸散发，6 个用于涉及雪的过程，3 个用于地表径流，7 个用于垂直入渗，5 个用于产汇流。因为模型包含 23 个参数，所以它们可以以数千种方式组合，应用迭代过程寻找最优解。最优方案即 NASH–Sutcliffe 效率系数（NSE）最大化的参数组合。

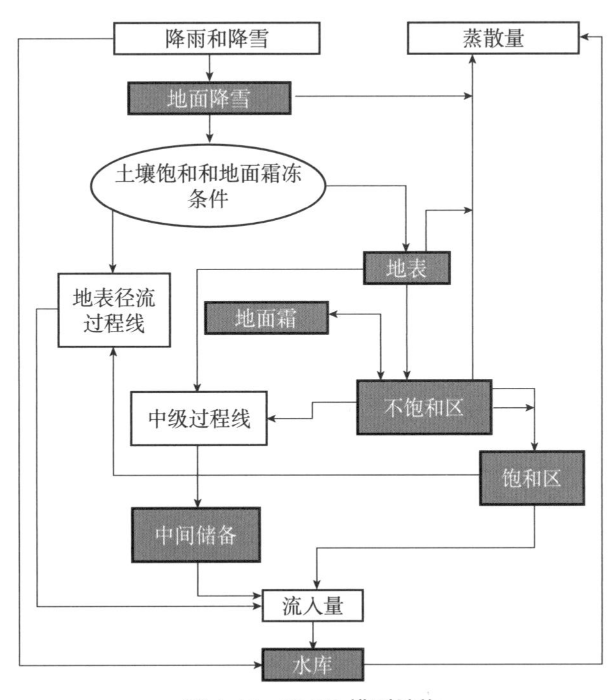

图 4-15　HSAMI 模型结构

在将模型操作设置之前，必须对模型进行校准，并且要对每个流域单独进行校准。校准的目的是确保该模型根据过去的观测数据，尽可能准确地再现流域的水文特性。为了进行校准，需要每天获取相同时间的一系列数据，包括最低温度和最高温度、降水（雨雪）以及计算或测量的天然入流。校准是一项重要的工作，因为模型在操作模式下的行为将取决于此。显然，用于校准的数据质量越高，模型的性能就越好。模型校准得越好，在入流预测过程中，预报员需要执行的操作就越少。更好地校准意味着预报的可信度更高，以及生成预报所需的时间更短。

4.3.3.4 决策支持系统

本案例简要介绍了 HEC-ResSim 模型及其在渥太华水系运行管理中的应用。对于渥太华河流系统的管理，由于目前使用的是魁北克水电公司生产的天然入流预测模型 HSAMI，因此，省略了 HEC-ResSim 模型中的流域模型部分。HSAMI 模型与 HEC-ResSim 模型有一定衔接，HSAMI 将预报结果输入 HEC-ResSim 模型，以便进行河道演进计算和水库调洪演算。该模型的计算必须有水库的预计调度方案，以确定径流在水库中的蓄泄量，进而进行河道演进计算和水库调洪演算。HEC-ResSim 模型由美国陆军工程兵团开发，是 SSARR 模型的下一代模型。截至 2016 年 1 月，ORRC 自 1983 年 ORRPB 成立以来一直使用 SSARR 模型。

1）河流系统模型

本节简要介绍了渥太华河运用的 HEC-Resim 模型，即河道演进、河湖调蓄以及水库调节。

（1）系统配置

图 4–16 展示了渥太华河流域运用的 HEC-ResSim 模型结构。首先将渥太华河概化为 46 个子流域，然后各自产生径流，从源头区域开始，沿着河道方向进行演进和汇流，从 Carillon 大坝到达流域出口。

为了便于演进计算，渥太华河流系统被简化为一组相互连接的节点，包括 3 种类型。传输点是系统中不进行河道演进的节点，通常用于汇总来自不同支流的径流，这样便于引入测量数据。流量通过水库点和河段点这 2 种类型站点演进。为了方便进行计算机模拟，这 3 种站点类型的组合被连接在一起。

（2）河道演进

河段的定义为河流系统中存在较长径流演进时间，以及对流量变化有影响的河段。HEC-ResSim 假定河段被分为若干段。

（3）河湖调蓄

流经天然湖泊的径流量基于其天然条件而变化，其中，河湖出流量由河湖海拔及水头决定，通过蓄泄方程来对河湖调蓄的演进过程进行计算。

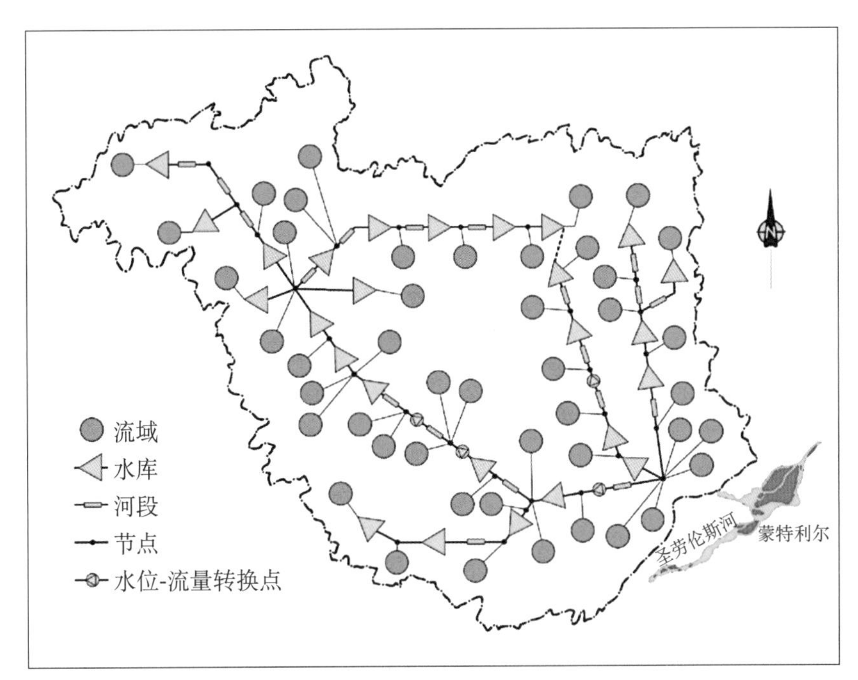

图4-16　HEC-ResSim模型在渥太华流域的拓扑结构

（4）水库调蓄

HEC-ResSim模型提供3种模拟水库调蓄的方法。其中，自由泄流模拟是假定水位－泄流曲线是固定的，根据水头来确定泄流量。泄流量通过求解蓄泄连续方程来完成。将蓄水时间（T_s）作为流量或水位的函数输入，则可从蓄泄方程中获得泄流的初始估计值。或者假定初始流量（Q_2）等于测试周期开始时的流量（Q_1），然后根据蓄水方程计算流量（Q_t），逐步推演迭代计算，直到获得最优的泄流量。

通过指定特定时间点的流量对水库出库流量进行人工控制。这种方式可以控制五种变量：出库流量、水位、蓄水量、水位变化和蓄水量变化。

（5）模型输入

水库入库流量由预报模型HSAMI计算得出，计算中使用的概率预报通常是可能性较大的概率（50%），但可以根据使用要求（例如灵敏度分析）而变化。

基于各机构政策，得到预测期内的未来水库运行的控制目标。水位和流量的控制目标代表了每个水库和电站的操作人员的意图。

水库水位和流量边界的变化或任何其他限制条件的变化。模型运行所需的所有常量或参数输入都是内置的。输入包括各种物理和水库运行约束、水库水位库容关系的曲线、泄流能力曲线、河道特性等。

（6）河道演进初始化

当运行HEC-ResSim模型进行河道演进计算时，需要考虑系统中前6天的观测数据，包括入流、出流和水位信息。

（7）模型输出

输出结果包括计算时段内各个指定站点每日或每周的水位流量过程。如果模型数据库中没有某河段的水位流量曲线，则无法为其计算水位。该模型目前有 4 个流量曲线，可用于预计彭布罗克（Pembroke）、拉科库隆（Lac Coulonge）、不列颠尼亚（Britannia）和马尼瓦基（Maniwaki）的水位。

2）敏感性分析

ORRC 对多种预报情况进行敏感性分析，来检查系统对入流量的响应，而不是标准的 50% 概率预报。通过入库预报模型产生概率预报，包括预报洪量和洪峰。用于 HEC-ResSim 模型正常运行的预报是基于每个流入点的概率为 50% 的洪量和峰值。有时则根据具体情况来调整，考虑入流高于或低于正常值对结果的影响。例如，流域重点关注的某一部分，若流量较高可能会对防洪产生影响。那么模型对该部分的预测值可为 15% 的概率预报，对系统其余部分的预测值可设为 50% 的概率预报。

敏感性分析适用于各种情况（洪水、干旱），ORRC 一般在整个委员会或某个子机构提出需求时使用敏感性分析。敏感性分析将提供标准的短期和中期结果，并供所有成员机构使用。若审查了敏感性分析的结果后，某个机构决定修正其计算结果，那么，HEC-ResSim 将根据新的要求重新运行，并提供修正后的结果。

3）模型成果共享

目前，除天然入流预测模型外，ORRC 的所有模型都在秘书处运行。这些模型是在参与机构收到相关数据和预测后运行的，结果公布在渥太华河管理秘书处的 FTP 站点上。多年来为了满足 ORRC 的需求，模型结果的格式已经开发和改进。在 ORRS FTP 网站上公布了 HEC-ResSim 短期和中期模型的结果、敏感性分析以及蓄洪量计算模型。FTP 站点上还会每周发布一份总结流域状况的报告。

来自不同机构的雪测量数据汇编在一张表格中，并显示在流域地图上，表明水当量中的雪覆盖率和正常百分比，所有数据都发布在 ORRS FTP 站点上。

该模型的结果目前已提供给规划委员会和康沃尔大湖圣劳伦斯研究办公室（the Great Lakes-St. Lawrence Study Office in Cornwall）的所有代表机构。一些模型结果（敏感性分析、蓄洪量计算模型）只提供给 ORRC，这主要是为了确保外部机构不会误解这些模型的输出。

ORRS FTP 服务器是一个基于互联网的通信系统，允许上传和下载文件，如测量数据、预测和模型结果文件。对 ORRS FTP 服务器的访问仅限于参与渥太华河管理的机构，以及将模型结果用于信息发布的机构。

对于大多数机构来说，短期 HEC-ResSim 模型是一个非常重要的决策工具。对于某些机构来说，这个模型是唯一可用的水文预报。为了审查模型结果并促进管理委员会内的规划，通常在新会议期间举行多次电话会议，成员将会讨论当前和预测条件，确定合适的水库调度方案。

4.3.4　对政府机构和公众发布河流预报情况

水文预报结果作为水库综合管理的一部分，由 ORRC 向参与发布洪水相关信息和应急响应的政府机构提供预报结果。

规划委员会使用其网站（www.ottawariver.ca）作为向公众发布水文预报的主要工具。渥太华河的现状和预测情况，以及系统中主要水库的情况可在网站上找到。在春季枯水期或其他高水位事件期间，流域内的关键位置一般也会提供 4d 的流量预报。

4.4　伊朗卡伦河流域联合优化调度

卡伦（Karun）和卡尔赫（Karkheh）是伊朗最大的两个流域，目前伊朗开发了两套基于地理信息的决策支持系统（SDSS），用于指导流域内水资源联合优化管理和水库与水电站短期运行方式。

4.4.1　概述

水资源规划和管理通常采用数学模型分析决策要素间的相关关系，基于模型分析的信息技术不仅可以深入了解水资源管理面临的挑战，也可以使决策更加具体有效。模型构建、文件格式和数据库要求的多样性，使水资源建模变得更加复杂，而计算机辅助过程的系统化有助于解决建模的复杂性。水资源规划和管理的共同挑战是评估比较不同情景。为兼顾各方需求，满足水利系统在决策过程中的最低要求，伊朗开发了基于场景的空间决策支持系统（SDSS）。

SDSS 主要应用于伊朗西南部盆地，该地建有大坝和水电站。伊朗多年平均降水量 250mm，降雨空间分配不均，流域中心偏少，多年平均降水量 50mm 左右，北部偏多，多年平均降水量 1600mm 左右。源伊朗大部分地区地表水和地下水资源都被过度开发利用，其中 92% 的水资源用于灌溉。过去 20 年，因严重干旱和水资源过度开采，伊朗及其邻国的大部分湿地和天然湖泊已干涸。湿地干燥化是伊拉克、沙特阿拉伯和伊朗西南部频繁发生沙尘暴的主要原因。灰尘现象不仅影响公共服务，如停电和交通等，还会危害人体健康。在水资源短缺的情况下，SDSS 是分析不同情景中水资源管理规划的有用工具，有助于根据流域现状做出合理决策。

本案例研究中，SDSS 的主要目的是在考虑技术、环境和社会等方面效益的基础上，规划、审查水电站在内的水利工程的设计特征。此外，SDSS 能够使用多准则决策模型（MCDM）基于预定义准则筛选规划场景。流域决策是一个复杂的过程，需要处理大量的状态变量和决策变量，必须对流域中的决策变量进行量化，再决定优先考虑规划的情况，以满足自身需求和相关方的利益。

梯级水电站及水库优化调度是水资源管理的重要组成部分，SDSS 采用优化技术和流量预报系统促进水资源管理。短中长期遥感数值天气模型的应用有效改善了水库入库流量预报。案例研究利用数值天气预报结果，重点关注大坝和水电站的短期预报调度。同时，开发了早期洪水预报系统（EFFS）预测水库入库流量，确定短期大坝的最佳泄洪量，并为下游提供一个预警系统，以减轻河流沿线潜在风险。

4.4.2 决策支持系统功能

决策支持系统涵盖很多公共领域软件，如 ArcGIS、HEC、MODSIM、ARSP 和 TOPSIS，还开发了其他子程序，如地下水联合使用、水质优化及二维洪水淹没模式，同时将分析模块和地理信息系统集成到 SDSS 中，使之成为具有各种功能的强大工具，以满足水电系统需求，提高模拟演示能力。此外，SDSS 可以在河流系统中添加大坝、水电站等新要素，计算生成新的水力关系。空间 MCDM 基于不同的指数评估场景，展示每个区域或单个工程的评价结果。SDSS 的主要模块介绍如下。

4.4.2.1 水库仿真模型

升级卡伦流域模拟程序（ARSP）开发了水库仿真模块。该水库仿真模块（MODSIM）由科罗拉多州立大学和美国垦务局太平洋西北分局共同研发，应用于卡尔赫流域。两种模型相对固定，运行策略、河网系统和需求一般不会随模拟时间序列改变。在函数结构框架中，ARSP 模型通过失稳算法（OKA）确定每个时段的最优配水策略。为消除计算约束（如大坝的数量），利用 C++ 编程对模型进行升级。

河流系统的物理组成部分，如河道、汇合处、水库等，由流量、需求通道和连接节点定义。电力模块确定水电站的装机容量、发电量、最低电力需求和固定能源。其他输入值也在函数中定义，以确定多目标水库中水库蓄放的优先级，同时定义运行水位、死库容和规则曲线。

MODSIM 模块应用于卡尔赫河流域，建有一个分析空间数据的地理信息系统平台。前期为阿肯色河下游流域开发了 GEO MODSIM，本研究对前期开发的主要模型进行了升级改造，并与 GIS 平台的其他模块结合。修改后的模型在数据存储、优先级和时间步长等方面没有任何限制。模块中的节点连接采用节点和链接弧的网络架构。MODSIM 可以调用 SDSS 子程序中的所有状态变量和目标函数。子程序代码由 .NET 编程语言开发，用于定义存储库操作策略，为其他模块提供输入、输出数据集，并将 MODSIM 链接到数据库和用户界面，将 MODSIM 连接到 GIS，即可生成空间数据报告。

4.4.2.2　优化模块

采用粒子群优化算法（PSO）和蚁群优化（ACO）算法，为卡伦和卡尔赫流域分别开发优化模块。两种算法具有相似的计算基础，但算法的收敛机制不同，可能产生不同的运行时间和准确性。

（1）水质模块

根据河流的自净确定电导率（EC）、总溶解性固体（TDS）、溶解氧（DO）和生化需氧量（BOD）。水温、BOD 和 DO 浓度通过汇合处和分叉处的质量平衡获得，作为入库流量需求的最低要求。TDS 和 EC 参数基于质量平衡方程式确定。

（2）需求模块

按月尺度估算来水量和用水需求量。来水包括最小生态流量、发电流量和发电控制流量。用水需求包括农业、家庭和工业用途。除来水量和用水需求量估算外，需求模块还确定各部门需水量的可靠性和亏损情况。农业用水需求的保证率和缺口是由各灌溉网的特点和各灌溉网的权重决定的，该权重根据各灌溉网年平均需水量与农业总需求的比值确定。农业总需水量根据各灌溉网的种植面积和作物类型确定。同时，该模块还为用户提供了一种功能，在特定场景中改变作物模式和灌溉机制。此外，该模块根据不同用水部门的预定义设计标准，通过可用水资源调整灌溉面积。

（3）地下水模块

地下水模块确定地下水质量平衡和补给，以充分利用地表水和地下水资源。该模块确定地下水的最大补给量，使其平衡在长期范围内不会发生变化。流入地下的水资源包括降雨下渗、灌溉网、工业和生活污水回流下渗、岩溶流和河床直接入渗。地下水的流出包含向邻近含水层的补给流，向河流排水，通过井、水源和渡槽的排水和蒸发。通过三个步骤模拟实现地表水和地下水模块之间的数据交换：第一步，假定满足地表水资源需求，根据地表水模型结果得到地下水量平衡；第二步，若第一步不满足需求，将地下水最大补给量分配给用户，运行地表水模型，得到每年从地表水和地下水中提取的水量；第三步，改变地下水补给量，满足地下水长期约束条件和最大允许补给量，采用试错法使其误差小于 5%。

（4）经济评价模块

从经济角度看，水资源规划方案评价需要经济评价模块。该模块根据农作物收入、电网特征和漫滩特性，计算农业、水电效益以及洪水淹没损失。成本效益比、净效益和内部收益率等经济指标由投资和运营成本及项目的效益决定。

农业方面，投资成本直接与灌溉系统的建设有关，运营成本包括年度维护成本，如劳动力工资、设备、抽水和杀虫剂成本。流域特征、作物模式和灌溉机制等均会影响农业效益。

（5）洪水预报系统

早期开发了洪水预报系统（EFFS），用于大坝运行管理和防洪调度。同时开发了基于地理信息系统的数据库，用以存储、检索诸如降水和地理地图等的地理数据。HEC 软件基于数据存储系统（DSS）创建了一个量身定制的洪水预报系统。洪水预报系统构架见图 4–17，洪水预报系统的主要组成部分包括数字天气、降雨径流和淹没模拟。

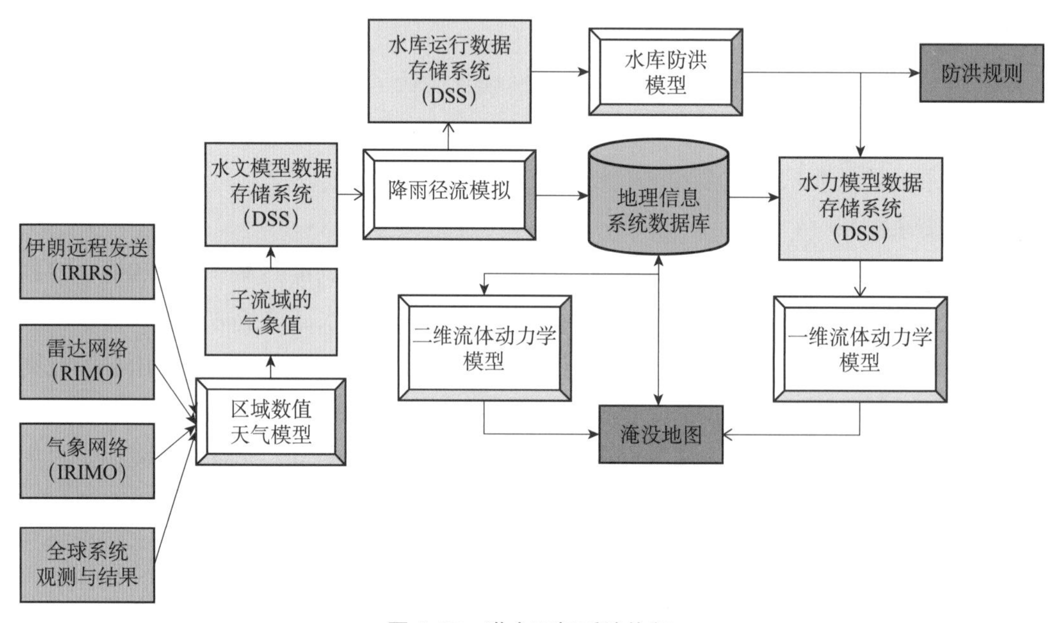

图 4–17　洪水预报系统构架

（6）多目标决策模块

为评估规划方案，MCDM 模块采用有形和无形的决策方式，将主要指标划分为子指数，指数预处理后以成对加权机制确定子指数，再将子组指数进行聚合，得到最终决策指标。

4.4.3　研究区域概况

卡伦河流域由上游的卡伦河（Upper Karun）和德兹河（Dez rivers）组成，两支流在下游交汇，见图 4–18。流域目前有 6 座水电站已投运，3 座水电站在建，16 座大型水库处于设计阶段。卡伦河流域水力发电规模占整个伊朗的 78%，大部分灌区集中在流域下游，面积约 80 万 hm^2。

4.4.4　决策支持系统应用

卡伦河流域面临的主要挑战是水质问题，如流域间的水体交换、优先需求、洪水灾害等；卡尔赫河流域面临的主要挑战包括大量污染源造成的水质问题、水体富营养化、上下游用水冲突、水资源短缺和人口不断增长等。因此，需要采用 SDSS 模块评估卡伦河流域和卡尔赫流域水资源工程。

4.4.4.1　泥沙模块

依据卡伦 1 号水库（1977 年投入运行）和卡伦 3 号水库（2005 年投入运行）的泥沙实测资料，估算卡伦流域不同地区的泥沙冲淤情况。采用两次观测得到的泥沙淤积量，率定相关测站土壤侵蚀模型和流量 – 悬移质泥沙量关系。

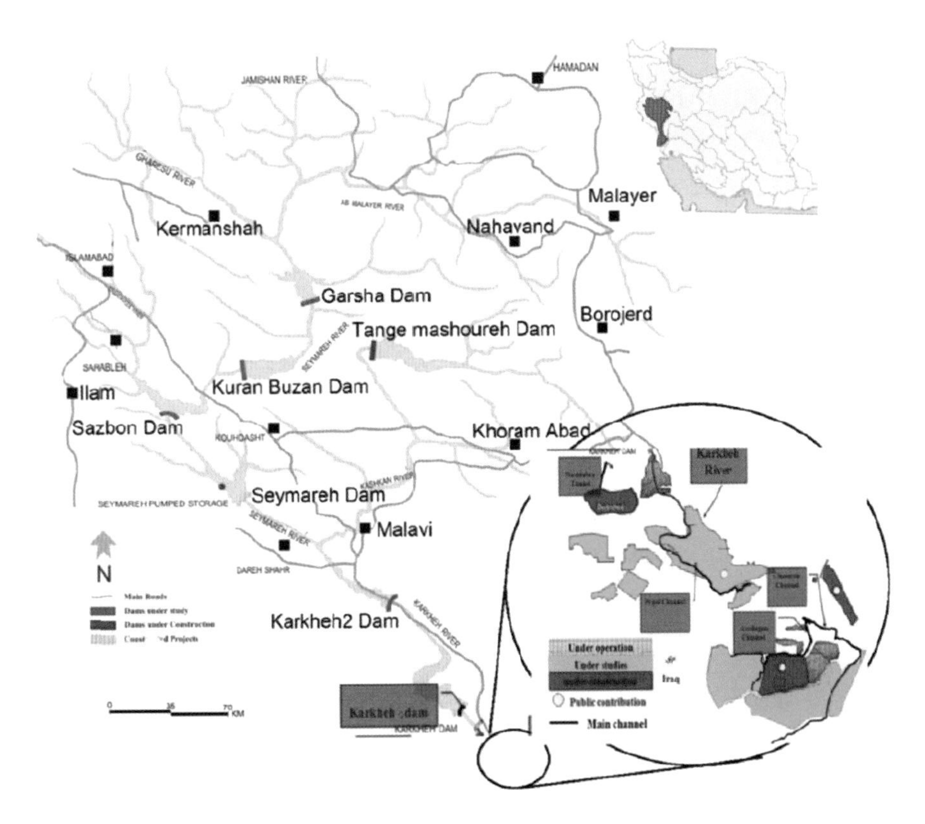

图 4–18　卡伦河流域水电站与灌区分布情况

4.4.4.2　水库模拟模块

对卡伦河流域和卡尔赫流域不同开发方案进行模拟评价。卡伦 2 号大坝位于卡伦 3 号大坝和卡伦 1 号大坝之间，针对卡伦 2 号大坝设置了两种不同场景，评估不同场景中的可调节大坝和径流式大坝。

考虑到灌溉、电力及水电系统的设计标准和要求，该模块模拟了多水库和多用途河流系统的发展方案。设计标准和最低要求通过改变状态变量自动实现，如模块中的灌溉区引水量和水电站装机容量。

4.4.4.3　优化模块

应用优化模块确定多用途工程的最优特征。在卡尔赫流域，水电站在大坝高度、水电站装机容量和农业用水输送系统等方面进行了优化。

4.4.4.4　洪水预报

（1）降雨预报

2005 年，伊朗气象组织根据全球天气预报系统的初始边界条件，建立了区域数值天气预报系统（RFS）。此外，还建立了雷达网络，用于观测流域降水数据及模式，更新数值天气模型结果。但雷达数据的参数仍待修正，还无法在系统中应用。2006 年，卡伦河和德兹河流域模型的时空分辨率均有所提高。建立基于集群的框架后，基于栅格的天气数据模型有所改善，时间步长和分辨率分别提高到 3h 和 15km × 15km 像素大小。数值天气模型使用 MM5 和 WRF，气象预报的最大预见期达 104h。利用实测降水资料进行验证，结果显示，模型可靠性随预见期的延长而降低，最大预见期为 24h，预报误差最小。预报结果表明，基于雨量站数据的风暴中心预报精度偏低。

（2）降雨产流模型

采用 HEC-HMS 和 HEC1 模型进行降雨径流（RR）模拟。将降雨径流模型设计为基于单一事件的仿真模型，根据观测数据进行率定，并在系统实时应用中加以验证。对于基于单一事件的模拟，分别采用单位过程线模型、指数渗透法和逐日法进行径流路径、降雨损失估算和融雪模拟。为提高模拟精度，将流域划分为 26 个子流域，见图 4–19。

（3）洪水演进与淹没模型

在无断面资料的上游流域，采用动力波对洪水演进过程进行模拟。对于有准确断面数据的下游漫滩地区，将二维水动力洪水演算模型（Namroud）与一维水动力模型（HEC-RAS）结合。水动力模型不仅能够反映河段洪水波衰减情况，还能确定洪水淹没的范围和深度，及洪水传播流速。Islam 等（2010 年）利用卫星图像衍生产品遥感数据对水动力模型的淹没图进行了验证。

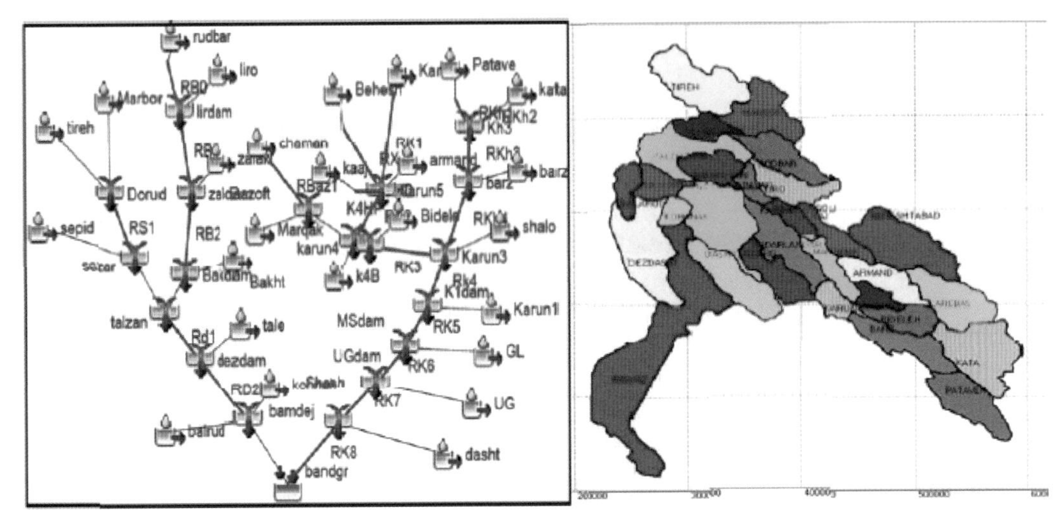

图 4-19　卡伦河流域子流域划分及预报节点

（4）水库实时管理

洪泛区上游水库相继建成运行，对这些水库的实时管理有助于减少下游地区实行拦峰、错峰、削峰，减轻洪水灾害。预报系统可以确定短期洪水的洪峰和洪量，电厂与调度中心相互配合，洪水发生前加大出力，增加发电，降低水位，腾空库容。

（5）应急计划预案

紧急行动计划（EAP）能减轻人身伤害，降低人身伤害风险，在紧急事件中尽量减少财产损失。

4.4.4.5　多目标决策模块（MCDM）

水资源规划的主要挑战是如何在各种情景中，根据有形和无形的标准筛选出可能的最佳情景。多目标决策模块根据用户定义的标准评估规划方案。例如，在卡尔赫流域，水资源短缺是上下游不同行业面临的共同挑战。卡尔赫流域下游平原地区的大量土壤资源适合开发灌溉系统，利用决策支持系统可以比较评估各利益相关方的决策指标。图 4-20 为根据各方需求计算得到的流域内水资源优先分配结果，绿色区域代表优先考虑的重点省份。

4.4.5　结论

针对伊朗西南部流域，开发了决策支持系统（SDSS）。在决策支持系统的 GIS 平台接入水资源分析模型和 MCDM，有效提高了计算结果的可靠性和决策速度。基于情景的分析，有助于比较不同规划情景的结果，通过量化决策指标和考虑相关方利益对其进行评估。决策支持系统为交互式，更加方便实用，适用于水资源工程的规划阶段。用户能够在短期内更加有效地运行电站，利用洪水预报系统提高预见期，加强水库防洪管理。洪峰过境前，电站提高发电量，提前消落水库水位，最大限度地减少了溢洪道泄量，以确保下游防洪安全。

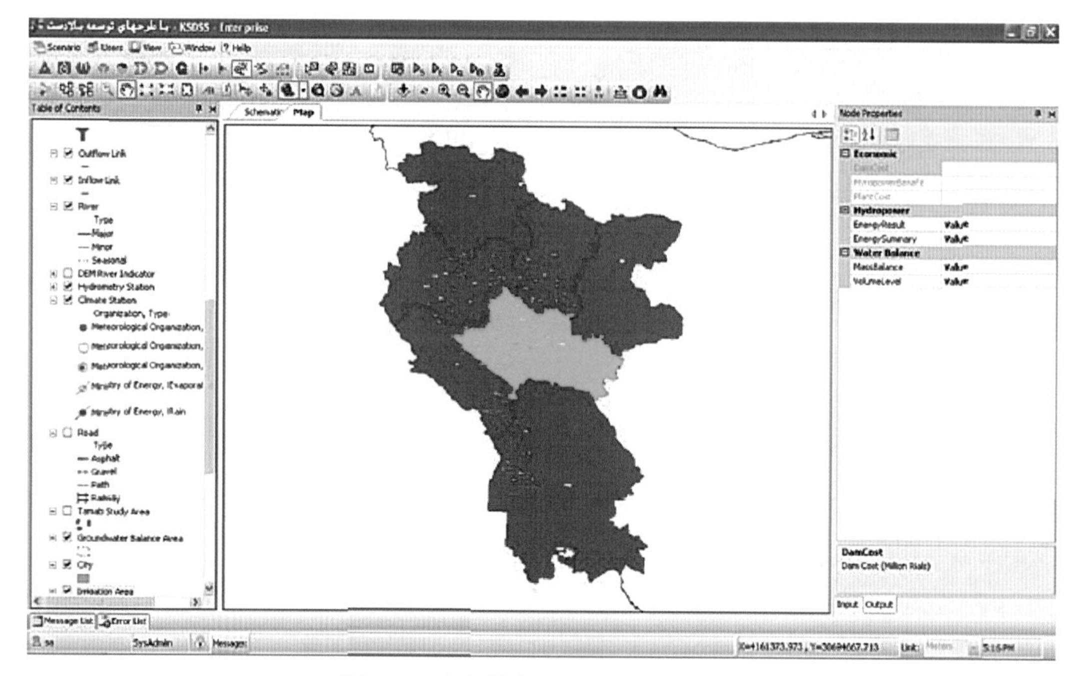

图 4-20　卡尔赫流域优先供水地区展示

4.5 日本木曾川流域联合优化调度

4.5.1 木曾川河水电厂及大坝概况

4.5.1.1 木曾川河概况

木曾川发源于日本长野县木曾村的八森山（海拔 2446m），沿中山林道向东南方向流经岐阜县，沿途与飞弹川和其他河流汇合，最终流入浓尾平原和伊势湾。木曾川河流域面积为 5275km^2，河道总长为 229km，见图 4-21。

图 4-21　日本木曾川河概况

4.5.1.2　木曾川河大坝

木曾川流域上建有 16 座大坝，其中 12 座用于水力发电，属于关西电力公司（简称“关西”）所有，4 座多功能大坝中的 3 座，即牧尾大坝（Makio）、美惣川大坝（Misogawa）和秋川大坝（Agikawa），属日本水务厅所有，剩下 1 座丸山（Maruyama）多功能大坝由国土交通部（MLIT）和关西共同拥有和运营。

4.5.1.3　木曾川河流域水电站的开发

截至 2017 年 12 月底，木曾川河共有 33 座水电站，总装机容量为 1064MW，年发电量为 4600GW · h。

木曾川河首次水力发电始于 1911 年耀松（Yaotsu）水力发电厂（在 1974 年被废止），随后至 1925 年，陆续投产 6 座水力发电厂，木曾川河流域成为当时日本领先的水力发电区域之一，所发电量被送到电力需求远高于木曾川河毗邻地区的关西地区。在 1936 年前后，笠置电站（Kasagi P/S）、目覚电站（Nezame P/S）、今渡电站（Imawatari P/S）和常磐电站（Tokiwa P/S）开始运营。而三浦大坝（Miura Dam）则在 1945 年完成建设，位于木曾川的最上游，其目的是为了整个流域的持续发展，同时通过三浦水库的调节作用增加河流流量。在二战前，日本的水力发电站通常由小型独立电力生产商建造、拥有和运营，二战结束后（即 1945 年之后），日本进行了电力公司的重组，成立了包括关西在内的 9 家大型电力公司。在重组过程中，根据“每个发电厂必须属于其受电区域的电力公司”的政策，木曾川流域的所有水力发电站都合并到了关西。此后，三重电站（Mio P/S）、木曾电站（Kiso P/S）、稻穗电站（Inagawa P/S）以及其他电站相继开发。

因为木曾川河上所有水电厂都需要使用其河流流量，所以每个水电厂的所有者都必须获得国土交通部（MLIT）批准的河流流量使用权，批准有效期约为 20 年，此年限并不是固定的，如果业主想延长其运营时间，则需要申请延期。这一制度自 1964 年起在日本的《河流法》中得到了界定和应用。

4.5.1.4 木曾川河水电运行

1）水电站运行政策

木曾川河的水电站实行联合运行政策，该政策规定，上游水电站的取用水直接用于下游水电站发电。年度联合运行计划是基于历年河流流量记录，以及各水电站的年度维修计划而制定的，以实现电站发电量最大与流域整体效益最优的目标。根据年度联合运行计划，制定初步日计划和周计划，再根据电力需求、降雨、天气预报及有关部门对下泄流量的要求等，对日计划和周计划进行调整。相较木曾川河下游其他水库，位于最上游的三浦水库库容最大，一般在融雪前（2 ～ 4 月）水库腾空库容为下游补水，之后开始蓄水，以备夏季用电量高峰时保障电力供应。

2）高水位运行

除最上游的三浦水库外，位于木曾川河上的其他水库均以日调节方式运行，即夜间蓄水抬高水位，白天消落降低水位，使之与电力需求相匹配。此外，运行方式还包括尽可能抬高水库运行水位，以增加发电机水头效益。

3）发电流量路线选择

（1）木曾（Kiso）路线和目覚（Nezame）路线

木曾川上游地区有两种发电方案，分别称为“木曾路线”和“目覚路线”。木曾路线是木曾电站（Kiso P/S）发电的方式，而目覚路线则是采用目覚电站（Nezame P/S）、桃山电站（Momoyama P/S）、諏原电站（Suhara P/S）和大桑电站（Ohkwa P/S）发电的方式。一般优先选择木曾路线，因为该路线的水电站比目覚路线具有更高的效率和更大的装机容量。如果河流流量超过 60m^3/s，也会通过目覚路线利用多余河流流量进行发电。

（2）优米卡密（Yomikami）大坝下游的发电厂

优米卡密大坝下游的每个大坝［山口（Yamaguchi）大坝、落合（Ochiai）大坝、小日（Ohi）大坝、丸山（Maruyama）大坝、金山（Kaneyama）大坝和今度（Imawatari）大坝］都有两个进水口（水电站），具有较高发电效率（新路线）的水电站会被优先考虑。

（3）其他考虑

洪水来临时，如果三浦水库还有一定的库容，则尽可能利用三浦水库拦蓄洪水。但当三浦水库剩余库容很小，且预报将有持续的强降水时，三浦水库以及下游其他水库则通过发电释放库容，提前降低水库水位，以便洪水来临时拦蓄洪水。

4.5.2　木曾川流域防洪与水电站的作用

4.5.2.1　木曾川流域的防洪与电力企业所属大坝的作用

1）木曾川流域防洪系统

据了解，木曾川流域的防洪工程始于 1593 年，以恢复 1586 年的大洪水对该地区的影响。近年来，木曾川流域以防洪为主要任务的丸山大坝于 1956 年建成，其设计防洪标准为 14 000m^3/s（相当于 1938 年 7 月的洪水）。1969 年，木曾川设计洪水流量修订为 16 000m^3/s，秋川（Agigawa）大坝和美惣川（Misogawa）大坝分别于 1991 年和 1996 年建成。此外，1983 年记录了一场超过设计洪水流量的洪水，1986 年开始了现有丸山大坝的升级计划。目前，犬山城地区的设计洪水流量为 19 500m^3/s，计划通过丸山大坝在内的大坝控制其中 6000m^3/s。

2）电力企业所属大坝的作用

一般以发电为主的大坝没有足够的防洪库容来控制洪水，但是日本颁布的《河流法》要求每个大坝所有者，即使在完成大坝建设之后仍保留每条河流的原有能力或功能，其中一项要求是在预测有洪水的情况下将水位降低到一定水平。对每个以发电为主的大坝（以防洪为目的的除外）的要求根据大坝类型不同而不同，可分为 4 类。

（1）第一类大坝

第一类大坝是具有相对较大库容的大坝，位于河流上游，可能会导致洪水风险增加。大坝必须保持足够的库容，并在发生洪水时蓄水，以减轻风险。三浦大坝属于第一类大坝，它必须减少相当于 30min 洪峰流量对应水量的下泄流量。此外，三浦大坝下游的牧尾（Makio）大坝也属于第一类大坝，见图 4–22。

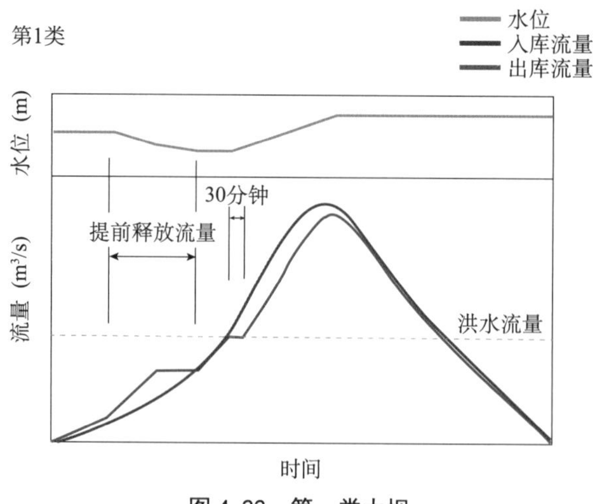

图 4-22　第一类大坝

（2）第二类大坝

第二类大坝是指河床因淤积而升高的大坝，大坝必须在洪水来临前将水库水位降至一定水平，以防止水库上游淹没。稻穗大坝（Inagawa dam）、鐇掛大坝（Yomikaki dam，可能是指 Yomikami dam 的误写）、落合大坝（Ochiai dam）、大比大坝（Ohi dam）、笠置大坝（Kasagi dam）和金山大坝（Kaneyama dam）被归类为第二类大坝。

（3）第三类大坝

第三类大坝是集水面积相对于水库预期设计洪水较小的大坝，为防止溢流，坝体溢洪道闸门可能会突然开闸，或溢洪道闸门数量相对较多，由于坝体的复杂性，希望在洪水来临前降低水库水位。常磐大坝（Tokiwa dam）、木曽大坝（Kiso dam）和今渡大坝（Imawatari dam）被归类为第三类大坝，见图 4-23。

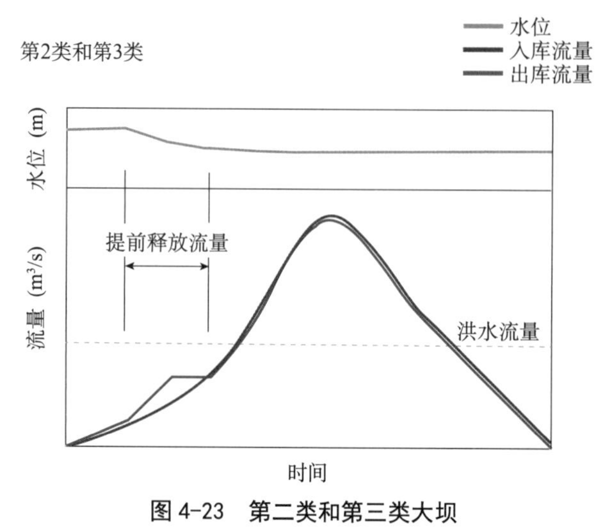

图 4-23　第二类和第三类大坝

（4）第四类大坝

第四类大坝是允许水位在洪水期间保持正常水位的大坝，因为大坝的泄洪对上游或下游地区没有影响。大滝大坝（Ohtaki dam）被归类为第四类大坝。

除上述大坝外，美惣川大坝（Misogawa dam）、秋川大坝（Agigawa dam）和丸山大坝（Maruyama dam）本来就具有防洪功能，因此，根据各自大坝的运行规律，在洪水期间将洪水储存在水库中。

4.5.2.2　水资源综合利用与电力企业所属大坝的作用

（1）木曾川流域水资源利用

自古以来，木曾川的河水就被用于农业和渔业，以及木材运输（木曾桧是日本一种珍贵的树木），直到 19 世纪 90 年代。木曾川向名古屋市供水始于 1914 年，此后，供水区域已经扩展到其他地区。同时，下游地区也使用这些水资源用于工业和农业生产。

（2）木曾川河水使用条件

如上所述，在今渡（Imawatari）大坝下游地区存在许多水资源使用权，用于供水、工业和农业目的。水资源使用权必须依法获得，并获得国土交通部（MLIT）的批准。此外，关西在内的大坝所有者和地方政府就“木曾川河和飞弹川河联合调度准则”达成了协议，所有位于上游的水电站在流量小于 100m^3/s 时不得在各自的水库中蓄水，但当超过 100m^3/s 时，可以蓄水。

（3）天然来水与还现流量

根据各相关方商定的“木曾川河和飞弹川河联合调度准则”，今渡大坝有责任先存储上游来水，再均匀地下泄到下游。今渡大坝上游是木曾川河和飞弹川河的汇合处，因此，今渡大坝的运营者必须收集来自木曾川和飞弹川上游电站的发电流量数据和泄洪量，并制订向下游地区放水的计划，见图 4-24。

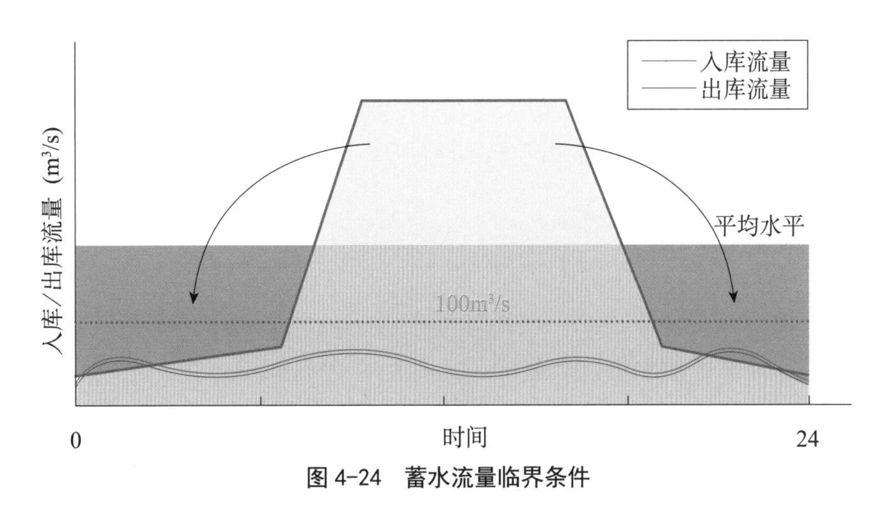

图 4-24　蓄水流量临界条件

4.5.2.3 大坝通航及配套设施

过去一些大坝设有码头或斜坡道，用于航行、渔业或木材运输。但随着沿河铺设的道路网络的发展，通航量已显著减少，因此，码头大门不再使用并已被移除，只有有限的获得认证的小型船只（作为既得利益者）可以通过斜坡道越过大坝，见图 4–25。

图 4–25 伊马瓦塔里大坝上的航行斜面

4.5.2.4 环境考虑

（1）最小流量

在河流环境保护方面，根据日本《河流法》制定了一项法规，要求自 1988 年起，所有大坝所有者更新用水资质或新建大坝（堰），都必须保证最小下泄流量。目前的最小下泄流量范围为 0.1 ～ $0.3m^3/s$ 每 $100km^2$。

（2）鱼道

在木曾川最下游的大坝——今渡大坝（Imawatari Dam）的左右岸都安装了鱼道（fish passage），这是为了让鱼类能够绕过大坝，继续它们正常的洄游路线。今渡大坝鱼类通道见图 4–26。然而，在木曾川河上游的大坝并没有设置鱼道设施。

4.5.2.5 多功能水库运行

美惣川大坝（Misogawa Dam）和秋川大坝（Agigawa Dam）具有防洪能力，在非汛期保持高水位，在汛期前水位降至最低。丸山大坝（Maruyama Dam）具有 0.202 亿 m^3 的防洪库容，作为全年防洪的额外容量。其他不具备防洪能力的大坝在洪水来临前，会根据洪水预报和其他数据资料，尽可能多地通过发电过流，降低水库水位，减少溢洪道的泄洪量，从而提高水资源利用效率。

图 4-26　今渡大坝鱼类通道

4.5.3　结论

4.5.3.1　水力发电

全年利用水库调节河流天然来水非常重要，需要考虑到汛期、融雪期和枯水期来水不均，尽量减少对下游河道的影响，根据法律或保证最小流量。此外，在不开闸泄洪的情况下，河道径流必须根据电力需求通过发电下泄。自 20 世纪 90 年代以来，随着电力、供水需求的增加和建筑技术的进步，大坝和水电站得到了长足的发展，同时，河流流量的使用必须在相关方之间进行审查和协商。

4.5.3.2　防洪

电力企业所拥有的大部分大坝基本上没有防洪能力，但在径流利用和创造防洪能力的合作基础上，水库可用水量将提前用来发电，以尽可能在洪水来临前通过发电释放库容。此外，大坝所有者必须运行管理水库，以避免失去原有的河流功能（不造成人工洪水），并遵守相关法规。

4.5.3.3　环境需求

大坝所有者在环境保护措施方面的义务之一是确保最小流量，这一标准已根据法律、法规或指南在每次更新水权时为每个大坝设定。此外，在今渡大坝（Imawatari Dam）的两岸都安装了鱼道，但并不是所有大坝都需要安装鱼道。

4.5.3.4 航运

以前，为了航运或渔业、木材运输，一些大坝有码头或斜坡道，但随着沿江铺设公路网的发展，通航量大幅度减少，码头已不再可用并被拆除，只有有限的有证的小艇（作为既得利益者）才能通过该斜坡道。

4.6 瑞士萨恩河流域联合优化调度

4.6.1 前言

过去十年，洪水风险管理已成为瑞士重点关注的问题，形成风险地图十分必要。弗里堡州地方当局决定积极减少未来潜在危害，与当地水电生产商 Groupe E 合作，建立了萨恩河流域洪水管理系统。该项目主要有两个目的：一是基于水文气象预报，确定拦洪的潜力；二是开发运行决策支持系统（DSS），实现最佳发电。

萨恩河流域地处多山地区，当地雨量丰沛，多年平均降雨量 1500mm，盆地降雨更为充足，多年平均降雨量超 2000mm。同时，积雪融化对降水和流域水文情势有很大影响。积雪在冬季储存大量水资源，当温度升至 0℃以上时，融雪易引发洪水。

天然径流的特点是春季流量大，冬季流量小，但沿河各种水电站和工厂对此产生较大影响。

在流域下游，萨恩河流经弗里堡市。一旦发生洪水灾害，造成的环境损害和经济损失可达数千万欧元。

萨恩河是阿勒河的重要支流，集水面积 17 800km^2。为防止下游瑞士平原被洪水侵袭，就需要对两条河流进行管理，特别是防止阿勒河和萨恩河交汇发生洪峰、洪量遭遇。

萨恩河上游建有水库，水库库容和装机容量差别较大。洪峰和装机容量的敏感性分析指出，人造湖格鲁耶尔（Gruyère）和希芬烯（Schiffenen）相关性最强。Gruyère 湖位于弗里堡市上游，水库库容为 1.62 亿 m^3，是瑞士最大的水库之一，该电站发电流量为 75m^3/s，底孔泄流量为 100m^3/s。Schiffenen 位于弗里堡市下游，水库库容为 0.33 亿 m^3，常用来调节流域出口断面流量，水电站发电流量为 135m^3/s。紧急情况下最大出库流量 186m^3/s，代替底孔出流。

4.6.2 水文和水力模型

研究采用 RS 3.0 的半分布概念水文模型，该水文模型基于 GSM-SOCONT 概念，适用于高山集水地区。

将集水区划分为子流域（地处 300m 高程地带）。水文模型的一般原理见图 4–27。将气象变量（降水、温度）作为函数进行插值处理，从而计算出不同的水文过程。

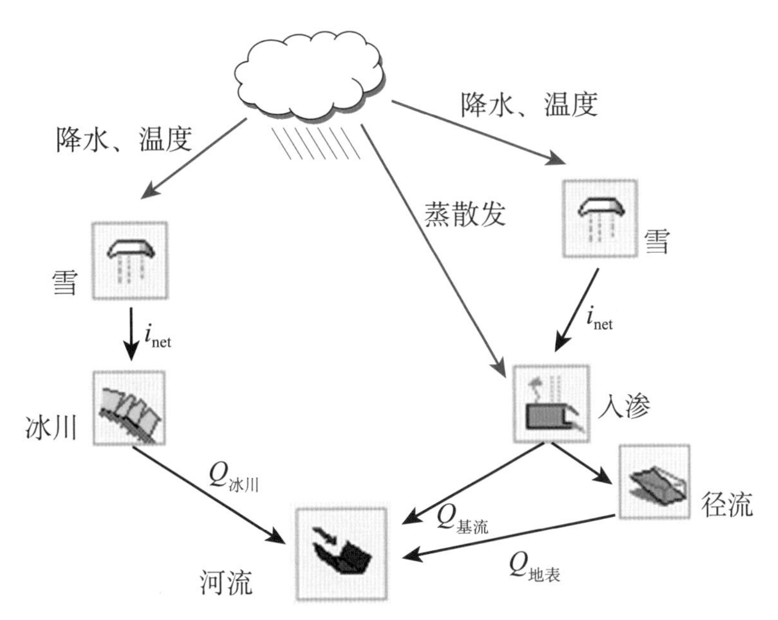

图 4–27　概念水文模拟 GSM-SOCONT 的结构

该模型区对有冰川和无冰川区域进行了区分。当盆地中存在冰川时（见图 4–29 左），模型由冰川顶部的积雪组成。通过日尺度方程计算积雪量和融雪过程。冰川被冰雪覆盖时，受到保护不易融化。冰川无冰雪覆盖时，根据日尺度模型融化，水被转移到冰下储层中。该模型还能计算冰川的全球质量平衡及长期演变过程。

当流域没有冰川时，模型稍微复杂一些。积雪模型与前者相同，首先计算积雪演变过程，然后将融雪产生的水资源转移到土壤中。当地面没有积雪时，降水直接通过非线性土壤渗透模型计算。该模型基于 GR3 方程，针对特定情景做了调整，蒸散和渗透取决于土壤含水量。基流随土壤饱和度变化，利用 SWMM 模型计算地表径流，该模型解决了坡面运动流问题，模型主要参数是表面糙度，最后，来自冰川和非冰川带的全部排放物都被输送到河道中。

RS 3.0 的主要优势在于能够在模拟中轻松集成水库、发电建筑物、溢洪道、底部排水口或进水口等水利结构。为了实现发电和底部排水自动操作，还开发了一种特定的算法。该工具的一般原则是优化应急操作，避免超最大下泄流量（见图 4–28）。设置预见期和阈值，根据水库中的已蓄水量和预测入库流量，计算最佳解决方案，实现自动发电和底部自动泄流。

该模型还考虑了电力市场价格，实现经济最大化，避免弃水。

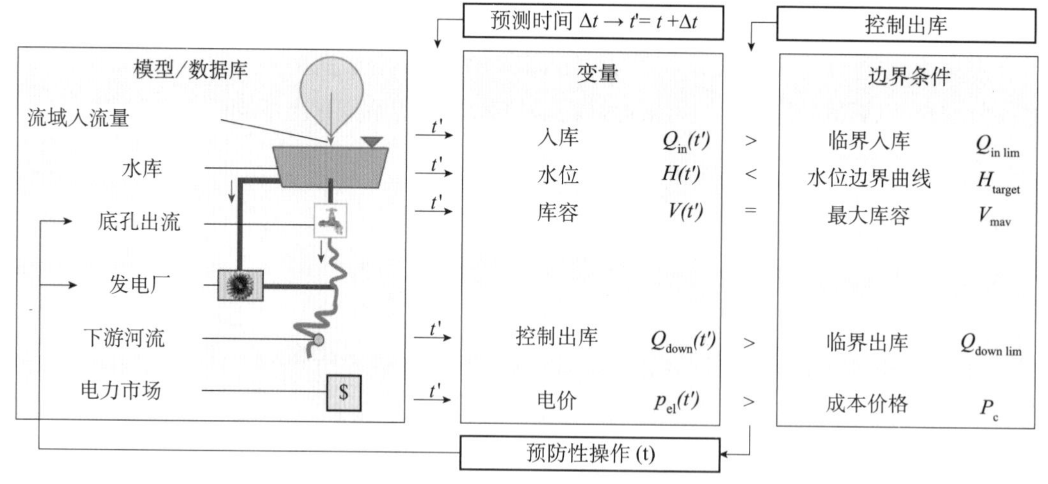

图 4-28　应急操作优化过程

RS3.0 模型已在瑞士成功应用了数年，自 2007 年开始，被 Groupe E 作为流量预报系统运行使用，并在萨恩河流域进行了检验。

4.6.3　数据

水文建模需要多个数据集作为输入量。气象数据来自不同的预报站网，联邦气象气候办公室（MeteoSwiss）在萨恩河流域及周边地区设有 7 个自动气象站，这些测站每 10min 测量一次温度和降雨量，另设 29 个测站用来采集每日降水量，然后将这些数据分解为小时数据与最近的站点同步比较。Groupe E 在集水区设有 6 个气象站，每 15min 测量一次温度和降雨量。

瑞士联邦环境办公室在萨恩河流域沿线设有多个测站，最重要的位于弗里堡和劳彭，这两个测站是量化洪峰的重要参考。Groupe E 为系统提供了不同水电工程的一般特征、操作规则和历史数据，优化过程使用的电价由欧洲能源交易所（EEX）提供。

4.6.4　历史事件和场景

用于校验的历史事件的选择并不简单。气象水文数据的可用性是主要的限制因素。此外，水库初始水位和机组运行状态一般也很难准确获知。最后，选择了两个历史洪水事件：2005 年 8 月洪水和 2007 年 8 月洪水，事件的重现期分别为 60 年和 30 年，为建坝以来最大的洪水。对于每个事件，计算出下列场景。

第一个场景重现上述事件中监测到的水库管理过程。没有采取应急措施，洪峰过境时，水轮机运行根据安全规则和电价进行优化，但不考虑下游流量。将该情景与弗里堡和劳本的实测流量进行比较，以验证该模型。

第二个场景，将所有液压结构从模型中移除，代表了河流的自然状态。与第一个场景比较，可以确定水库拦洪量。实际上，即使没有采取应急措施，水库也能拦蓄一定洪水。

第三种场景考虑应急操作。给定时间范围（Δt），假设入库流量，优化发电和底部泄流，防止超过最大下泄流量，水库管理原理如图 4-29 所示。

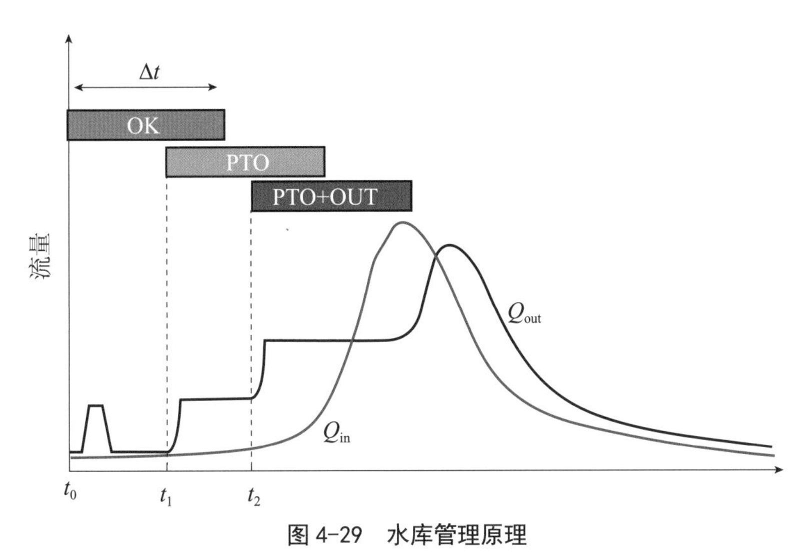

图 4-29　水库管理原理

OK 是正常的生产状态；PTO 表示预警操作；OUT 表示底孔泄流

t_0 时刻，正常情况下入库流量较小，水库可蓄水量大，可以实现正常的生产计划。t_1 时刻，入库流量逐渐增大，若不采取任何措施，水库将超防洪限制水位，所以增加发电计划降低库水位。t_2 时刻，入库流量进一步增大，打开底孔，实现洪水精准管理。但水文预报基于天气预报，不确定性较大，还受到预见期的限制。

4.6.5　运行决策支持系统

对于发电企业，应急操作可以在洪水发生时减少弃水量。结合具体情况，水量损失可减少 10%～30%，同时增加发电量。根据前期结果，建立运行决策支持系统（DSS）。该工具可在网上获取，供有关当局和发电企业使用。DSS 主要包含两个部分：一是萨恩河流域的地图界面（见图 4-30），包含各水文和水力要素，用户可以单击对象快速访问信息。Web 技术基于 Google Maps 应用程序编程接口（API），利用相关信息预测出库流量，计算水库水位过程和提供最佳预防措施，以达到削减下游洪峰的目的。水文预报基于全球 ECMWF 模型、区域 COSMO2 和 COSMO7 模型。

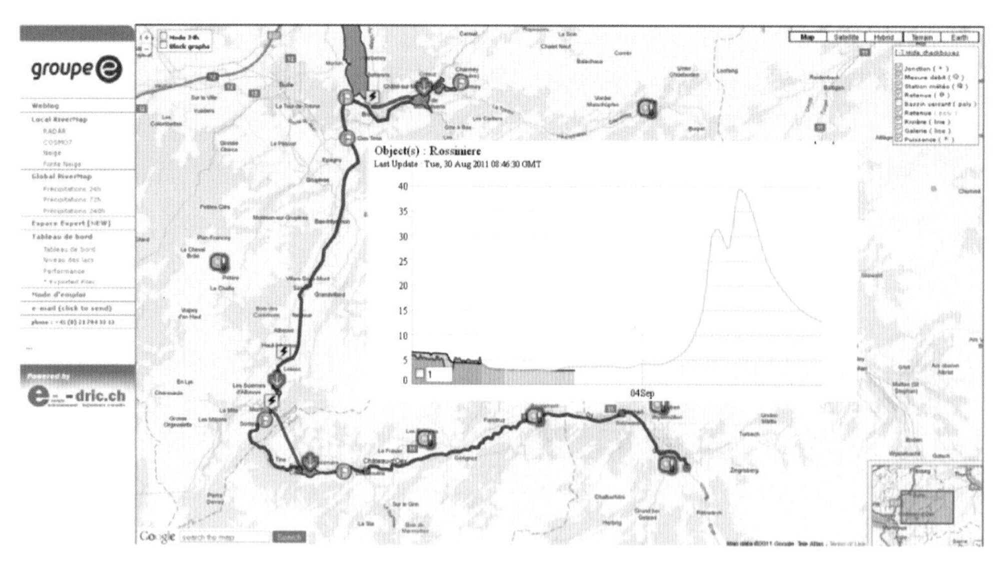

图 4-30　萨恩河流域的地图界面

第二部分是 GIS 数据库（见图 4-31）。该流域分为 6 个区域，在地理和水文上有很强的相关性。系统能够综合水文气象信息提供流域的布局图，模拟计算区域的 24h 和 48h 降水、积雪覆盖量、积雪融化过程、土壤饱和度、环境温度（0℃等温线的海拔）、水库的出库水量和可用库容。

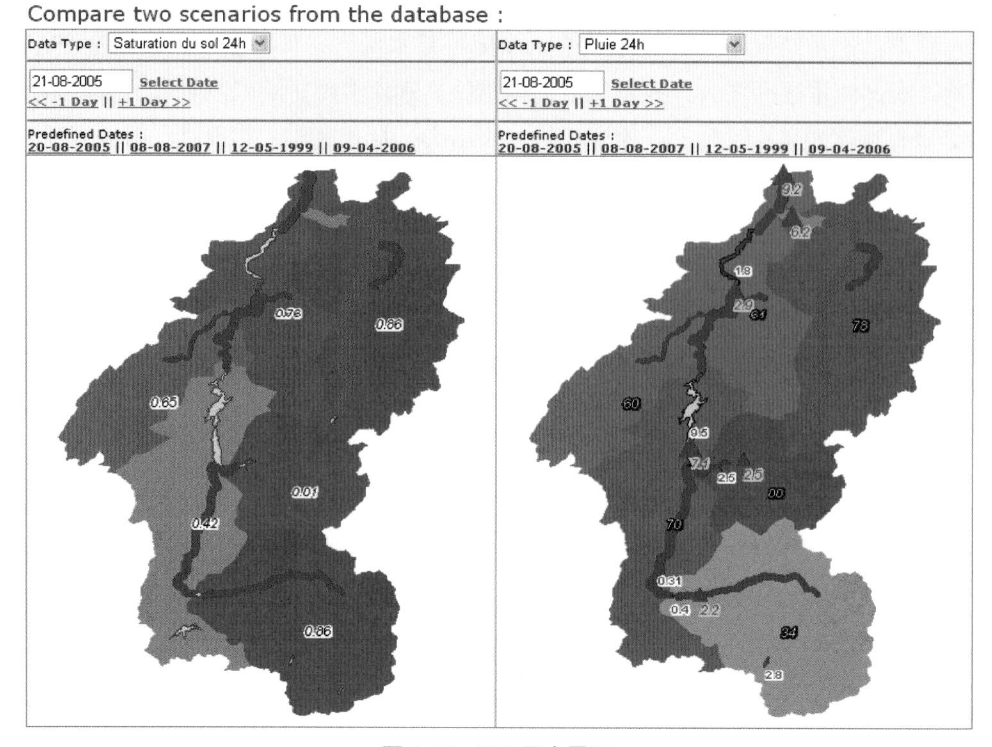

图 4-31　DSS 用户界面

该界面可以展示导致洪水事件的相关水文气象过程，让决策者了解：融雪是否引发洪水？降水的空间范围是多少？流域的初始状态（土壤饱和度或积雪）如何？

基于水文预报，实时计算短中期预报流量过程，每小时更新一次，帮助决策者掌握最新消息。当天气预报或气象水文条件突变时，可以迅速调整或终止应急措施。自2010 年 11 月以来，该数据库不断更新，还整合了历史洪水事件。因此，可以比较历史过程识别相似之处。还开发一种自动算法，用来计算当前情况与历史相似事件的最大相似概率。

4.6.6　结论

萨恩河流域水库的应急措施可以实现削峰。该研究兼顾两方需求，形成双赢局面。一方面，地方当局减少潜在的洪水危害，另一方面，发电企业充分发挥发电效益。研究指出，有效的洪水管理系统势在必行。因此，开发了决策支持系统 DSS 来为决策提供相关信息，DSS 现已投入使用，在未来还有广阔的发展前景。

第5章 总结

本书系统分析了全球范围内典型的流域梯级水库和水电站联合调度特点，梳理了涉及相关的联合调度关键技术。具体总结为以下4点：

（1）随着水库越来越多，针对一个流域，即使对于不同的开发主体或者不同的国家，都在开展水库联合调度工作，逐步实现由单一水库调度向梯级水库群联合调度转变。总之，联合调度的精髓在于结合梯级不同水库来水过程和调度需求，通过充分利用不同水库的调节能力，对梯级水库流量过程进行调节，充分挖掘梯级水电站及水库的调度潜力，充分发挥梯级水电站及水库的综合效益。鉴于此，从20世纪50年代以来，世界各国相继开始大规模地进行水电梯级规划和开发，使水库群联合调度在各国得到了广泛应用，取得了很好的社会效益和经济效益。

（2）水库的调度调节具有抵御洪水、蓄水发电、农业灌溉、城乡供水、航运交通、水产养殖及维护生态环境等多方面的作用。传统的水库调度往往只偏重于某一方面的作用，将主要开发目标作为基本目标，将其余目标作为约束条件处理。随着水库调度决策考虑的因素不断增多，传统的单目标调度已经不能满足人们的要求，梯级水库群调度进入了多目标优化调度阶段。

（3）新技术的应用为水库群联合调度提供手段，使多目标优化调度切实可行。水库群联合调度是一个涉及面广、极其复杂的管理和决策问题。各国在水库群实时调度过程中都会遇到不同的问题，比如数据采集的可靠性，气象、水文预测的不确定性，决策过程的动态性、实时性和数学模型、优化技术的局限性，使得水库调度决策问题呈现出非结构化的特点。因此，随着水文气象预报、大数据和计算机应用技术的不断进步，产生了一些适用于水库群联合调度的新理论和关键技术，如精细化的气象数值预报、水文概率预报、决策支持技术等。与此同时，在研究的基础上结合流域和水库特点相继开展了一系列调度试验。

（4）梯级水库群智慧调度势在必行，是未来水库及水电站联合运行的发展趋势。随着梯级水电站的流域化、市场化、综合化的不断发展，具有智慧特征的梯级水电站调度业务新形态——智慧调度，成为未来水库调度发展的必然趋势。目前，“智慧+”在城市、交通、医疗等方面得到较为成熟的应用，但是在水电站调度领域仍处于探索阶段。未来智慧调度将以流域水资源安全、高效、可持续利用为目标，以人的智能机制为指导，基于物/互联网、大数据、云计算、移动通信、人工智能等新一代技术，建设成具有自学习、自控制、自适应、自进化能力的全新调度业务形态，能够对水资源系统的海量信息进行智能感知、判断和分析，对水利枢纽安全保障、社会效益和经济效益发挥等需求做出智能响应、决策和评价。势必会促进各国未来水电的高效运行和智能化发展。水库群联合调度将密切围绕预报和调度两大核心技术，开展物/互联网、大数据、区块链等组成的基础支撑体系建设和透明智慧感知、集合智慧预报、和谐智慧调度、全景智慧展示、定量智慧评价等组成的功能支撑体系建设，构建决策智慧平台建设总体架构，成为智慧调度体系建设的指引，为新技术的利用、新知识的融合、新课题的研究、新价值的创造提供基本遵循，有效提升核心能力培育的高度。